畜禽精准饲喂技术与装备

蒋林树 陈俊杰 熊本海 主编

中国农业出版社
农村设物出版社
北 京

奶牛营养学北京市重点实验室/北京农学院
中国农业科学院北京畜牧兽医研究所
国家"十三五"重点研发计划-智能农机装备-畜禽个性化精准饲喂设备研发与应用示范（2017YFD0700604-2）
现代农业产业技术体系北京市奶牛创新团队
北京农林科学院农业信息与经济研究所
北京奶牛中心
北京市平谷区动物疫病预防控制中心

编写人员名单

主　　编　蒋林树　陈俊杰　熊本海

副主编　杨　蕾　麻　柱　刘　磊　熊东艳　刘长清　贾春宝

参编人员（按姓氏笔画排序）

王　慧　王秀芹　刘海艳　孙玉松　孙春清　苏明富　李　峥　李振河　肖秋四　张　良　张　翼　张连英　张宏雨　周自清　高洪东　黄秀英　梁自广　童津津

前　言

我国饲料工业经过多年的持续快速发展，规模和水平都达到一定水平。随着农业供给侧结构性改革的深入以及粮改饲工作的落实，所取得的成绩斐然。因而，我国饲料工业有了进一步的拓展空间。“精准、高效、个性化定制”成为饲料产业关注的焦点。所谓精准饲喂技术，是随着养殖技术的不断进步而提出的。过去传统的养殖技术属于粗放的饲养方法，生产水平低，生产资料匮乏，人都不能吃饱，散养些动物纯属补贴家用，精准饲喂动物更无从谈起。随着生产水平的提高，出现了规模饲养，动物营养专家专门针对动物不同品种、不同阶段的营养需要进行深入研究，提出了精准饲喂的概念，饲养不同品种、不同阶段的动物开始有了自己的饲料配方，同时对饲喂的数量也有了具体的要求。随着人工智能、计算机、互联网等高科技的不断发展，现代的精准饲喂技术不再单单指饲料的营养品质、饲喂数量、饲喂方法上的精准，而是更加全面，增加了时刻精准地为动物提供舒适的环境，包括温度、湿度、光照、通风、排污等。

本书从精准饲喂的概念、内容、重要性，饲喂系统，环境智能调控与养殖等方面，以及猪、奶牛、蛋鸡、肉鸡的精准饲喂技术来全方位阐述精准饲喂技术与装备。希望本书能为广大农民养殖畜禽提供有益的发展思路和具体的技术指导意见，也能为各级政府领导和广大基层管理干部对如何发展畜禽产业提供新的思路和政策建议。

因编者水平有限，书中难免存在一些疏漏和不足之处，敬请读者批评指正。

编　者

2019 年 12 月

CONTENTS

目 录

第一章 绪论

第一节　精准饲喂概念

虽然精准饲喂已经是老生常谈了，但如何落实精准饲喂以达到节本增效的目的却是每个牧场最关心的问题。我国70%左右的千克奶成本组成来自于饲喂，而精准的饲喂会给牧场带来牛体的健康、产量的提升、指标的改善以及成本的降低。落实精准饲喂需要3个步骤：精准日粮、精准执行、精准评估。

一、精准日粮

精准日粮是精准饲喂的基础，首先需要清楚奶牛精准的养分需要（而不是盲目相信某种原料），确定精准日粮的目的（提升产奶量、提升膘情、提升乳指标），并且为奶牛提供稳定的养分。精准日粮首先需要有精准的日粮配方，并且能够满足奶牛真正的营养需要。所以，在设计精准日粮配方之前，需要了解一些会影响奶牛营养需要的信息。例如，奶牛品种、体重、产奶量水平、泌乳天数、膘情评分、头胎牛与二胎牛比例、分群状态、实际的干物质采食量、环境温度、奶牛生活环境舒适度等。

日粮原料的营养成分决定了日粮的配方，同样的原料可能有不同的养分，如图1-1所示，图中的3种原料虽然都是干酒糟及其可溶物（distillers dried grains with solubles，DDGS），但能看出来它们的营养价值不相同。常规来说，最好的 DDGS 呈现金黄色，颜色越深养分越差。

图 1-1　原料 DDGS

饲料原料营养成分的波动会带来日粮营养的波动，从而导致瘤胃环境的波动、日粮消化率的波动，进而带来牛体健康、产奶量或者乳指标的波动。所以，要保证精准日粮首先就需要控制原料养分的波动。

1. 实验室分析　精准的饲料样品营养成分分析是了解原料养分的重要手段。首先需要精准地取样：干草类样品取样建议选择取样器，一车粗饲料要选取 10 捆以上，每捆草至少选择 3 个点取样，以保证样品的均一性；青贮样品取样通常采用九点取样法，在青贮窖左侧上中下、中部上中下、右侧上中下取样。为了快速分析样品，最好使用近红外光（near infrared，NIR）分析仪来快速获取饲料原料营养成分。NIR 快速测定样品需要有庞大的数据库才能保障数据的精准，所以在选择 NIR 仪器时，建议选择具有庞大数据库的供应商，并且建议结合化学分析方法不断扩充 NIR 数据库。

2. 供货商选择　建议牧场建立供应商评估系统，同时监测不同供应商的原料的营养变化（建议对每个供应商原料进行取样，建立供应商数据库或者曲线），最后以原料的营养稳定性为依据选择合作的供应商。变异越大，取样频率越高。如果变异过大，建议取消合作。

3. 配方跟踪和更新 在制定精准日粮配方过程中，需要跟踪和更新日粮配方。需要注意以下3点：

（1）跟踪粗饲料质量变化（也包括精饲料），更新农场日粮配方。

（2）比较两个不同来源的干草或者不同窖的青贮质量。青贮饲料水分高，养分变化大，不同阶段、品种干物质及淀粉含量不同。所以，需要经常测定青贮营养成分。

（3）对于水分含量高的原料，尤其要重点监控其干物质变化情况（如酒糟、豆腐渣、甜菜渣等）。

同时，原料的选择和应用直接关乎成本。尽量多一些原料选择有助于降低日粮成本，同时尽量选择当地原料以降低成本。但切记，一定要选择优质的饲料原料，因为优质的原料会降低日粮成本。优质的原料适口性好，可以促进采食量，建议在选择时关注相对饲用价值（relative feeding value，RFV）。合理地选择添加剂会提高饲料转化率，如微生态类产品（酵母、酵母培养物）、植物精油的添加会提高饲料转化效率；过瘤胃蛋氨酸可以降低日粮蛋白使用量；胆碱或丙二醇能防止酮病出现；甜菜碱会有效降低各种应激对奶牛的影响。

确定营养需要时，还需要考虑奶牛舒适度的影响。不同的舒适度，奶牛的营养需要不同。如果奶牛长期处于站立的状态，站立时血液流经四肢，更多供应站立所需要的能量；躺卧的状态下，血液更多流经乳房，产奶量更高，千克奶成本就会下降。所以，营养师一定要去现场观察奶牛的舒适度，以确定奶牛所需要的精准日粮。

4. 总结 精准日粮配方主要关注以下指标：

（1）配方的干物质量，以及是否为牛群实际的干物质采食量。

（2）平衡能量和蛋白质的降解速度是否一致（如尿素糊化，以减小降解速度保证及时供能）。

（3）氨基酸是否平衡，一般推荐赖氨酸：蛋氨酸＝2.7：1。同时氨基酸的量要把控，以及关注组氨酸。

（4）不能单看中性洗涤纤维（neutral detergent fiber，NDF），要关注有效纤维摄入量。

（5）总脂肪含量建议小于6%，不饱和脂肪一定要小于3.5%。

（6）建议可以添加瘤胃缓冲剂。

（7）保证日粮足够的矿物质和维生素。

二、精准执行

有了精准日粮，真正的关键还是精准执行。执行时，要以奶牛采食到日粮所设计的营养、达到更高的干物质采食量、控制饲喂成本为目标。

1. 采食到日粮所设计的营养

（1）原料管理。主要关注高水分物料（啤酒糟、青贮等）、其他物料是否与制作日粮时一致、毒素的管控、原料的检测、开发新原料（平衡日粮的同时减少成本）、仓库储存管理（有时出现加错原料的问题）。

（2）加料管理。关注合理的加料顺序（日粮均匀度、颗粒度）、加料精准性把控（由于经常出问题，因此加料控制系统最为有效）、设备维护（称重系统校准）。

（3）颗粒度和均匀度管理。颗粒度主要靠日粮分离筛（滨州筛）检验，分别检查新鲜日粮、剩料，再对比新鲜全混合日粮（total mixed rations，TMR）和剩料每层差别。均匀度也可以用分离筛来检验，可选取日粮料槽前中后3段取样，比较每层比例差异，建议差异不超过1.5%；均匀度还可以通过实验室检测前中后3段样品，化验主要指标差异。

(4) 日粮精准性管理。实验室分析检验撒到料槽的 TMR，分析营养成分和配方成分的差别，差别越小代表精准度越好。

树立饲养主管是“物理营养师”的概念：好的日粮是物理营养与化学营养同样好。有时候物理营养甚至比化学营养更难把控，需要饲养主管的严格把控。

2. 达到更高的干物质采食量 更高的干物质采食量意味着更高的饲料转化率及更低的千克奶饲料成本。可以通过以下方面达到更高的干物质采食量：

(1) 配方管理。做配方时选择适口性好的原料，可以适当添加一些提高干物质采食量的添加剂，并进行瘤胃健康状况评估，适当提高日粮的浓度水平，管理日粮 NDF 水平（降低 NDF，NDF 相同时提高 NDF 消化率）。

(2) 水分管理。控制原料水分及 TMR 水分（建议为 45%～48%，在日粮不分离情况下，水分越低越好）。

(3) 青贮管理。青贮的味道很大程度上决定了适口性和采食量，同时保证青贮取料面表面坚实，空气不容易进入，保证二次发酵的青贮含量低。

(4) TMR 加工过程管理。TMR 加工对奶牛适口性有影响。

(5) 食槽管理。关注食槽设计（站立的地面一定比采食地面低）、食槽清洁（夏天尤为重要）、投料管理（最容易忽视，要保证饲料新鲜度）、推料管理（及时性）、匀料管理（均匀投料也会发生牛采食不均匀，安排工人匀料）、剩料管理（注意匀料及推料，避免把牛没有吃到的料当作剩料）。

三、精准评估

评估的目标主要有奶牛是否能够采食经预先设计的日粮营养、是否达到了日粮的最大干物质采食量（dry matter intake，DMI）和消化效率、奶牛是否健康、是否达到了最低的饲喂成本。精准评估的方法主要有：

1. 日粮评估 通常使用 TMR 分离筛（图 1-2）和化验室分析。分离筛有助于发现日粮颗粒度是否合理、日粮搅拌是否均匀以及奶牛是否挑食，可通过化验进一步确定日粮精准。

图 1-2 TMR 分离筛

2. 粪便评估 通过粪便评估判断奶牛消化率和瘤胃健康，通常使用嘉吉粪便分离筛见图 1-3。

图 1-3 嘉吉粪便分离筛

第二节 精准饲喂内容、在生产中的重要性以及应用方向

一、精准饲喂内容

1. 关于动物环境需求的研究 有动物环境专家进行深入研究，通过长期的、反复的实验，对于不同种动物、不同阶段、不同生产方向的环境需求有了相对精确的数据，为环境方面的精准饲喂提供了理论基础。

2. 精准饲喂技术的设备保障 有了营养和环境方面的理论基础，了解了动物高效生长的需求，如何提供这样的条件，前期是培训工人，使饲喂的工人掌握这些专业知识，然后进行科学精准饲喂。但在实际操作中存在很多问题，如动物个体分辨不清或知识掌握得不好等。随着计算机技术的普及，给动物个体佩戴标识进行识别，相当于给每个动物一个特定的身份。再研发一些数据模型，通过程序交给计算机来操作，减少了人工成本，提高了准确性。再随着物联网的普及与发展，计算机可以连接手机，通过互联网进行远程监控，对动物的饲养及环境进行调整与控制。

二、精准饲喂在生产中的重要性

1. 精准饲喂技术的应用可以使动物更健康 由于了解了不同动物品种、不同生长阶段的营养需要，并按动物的需要进行供给，会使动物发育良好、身体更健康、抵抗力更强，以减少发病。

2. 精准饲喂技术的应用可以使生产更高效 精准饲喂可以准确地限定在动物个体上，如母猪的膘情控制，对于膘情稍肥的母猪，即使还有采食的欲望，计算机也会根据实际不再提供饲料，从而不会浪费。因为营养科学、饲喂方法科学，使动物生长更快，所以效率更高。由于更多地采用了人工智能，节约了人工

成本，同时也减少了失误的发生，使生产更高效。

3. 精准饲喂技术的应用可以使动物饲养更便捷 以前动物养殖场的管理人员，唯恐出问题，总守在场里。现在有了新的精准饲喂技术，管理人员远程通过手机随时观看生长情况及环境情况，随时调整动物舍内的温度、湿度、通风等，非常便捷。

三、精准饲喂应用方向

1. 通过佩戴电子标识，实现个体差异控制，对每头动物进行精准控制。

2. 对不同品种的动物采用不同的精准饲喂模型、不同的精准饲喂设备等。

3. 包括互联网、计算机、物联网、人工智能等各种高科技的引入。

4. 在动物养殖场防疫、消毒、投药等方面实现更广泛的应用。

第二章

精准饲喂系统

动物生产中，饲料是生产的物质基础，饲料成本占总成本的60%～70%。不仅如此，饲料配方和采食量与动物的生长、动物的健康状况、种用动物的繁殖性能、畜产品品质等畜牧生产的关键因子直接相关。

动物的采食量状况是反映养殖场动物生产状况和生产水平的最核心数据。通过及时掌握饲养动物的采食量，管理人员可以清楚了解饲养动物每日的生产状况，并可以及时作出调整措施。

计算机软件控制系统可以为不同品种、不同生产阶段的动物设定一套标准的日投料数据。用户可以比较实际采食量值与系统设定值之间的差距，并分析原因，从而为养殖场分析其饲养动物的生产水平提供一个较为客观的参考标准。

因此，精确计算动物的采食量需求，精确投放动物每日所需的饲料，精确得到动物每日的实际采食量数据，是实施智能化精准饲养的关键技术要求和目标。

精准饲喂，对于节省饲料、加强生产管理、提高畜产品品质和环境保护等具有十分重要的作用，也是我国现代畜牧业发展的重要体现。

第一节　饲喂方式

动物生产中，饲料是最基本的环节。饲料的基本要求是既要满足动物的采食量要求，即营养需要，也要避免因动物玩耍和扒料造成的饲料浪费。早期，国内养猪多采用一日三餐人工饲喂方式。这种方式的优点是饲料浪费减少，饲养员也可以了解动物的生长和采食状况。缺点是劳动强度大，而饲料量是否合适则取决于饲养员的责任心。

目前，为减轻劳动强度，多采用自由采食方式干法喂料。喂料器设有下部的采食口和上部的料仓。料仓的料可以采用人工方式或机械方式补充。采食口的设计尽量避免饲料浪费。不过，据统计，仍然有3%～5%的饲料被动物玩耍或扒料浪费掉。

自由采食的另一个突出优点是，养殖动物群的每个动物均有时间和机会采食，满足其生产活动的需要。

自由采食也是动物营养研究的基本前提。从某种意义上来说，现代的营养素需要量研究、饲养标准的制定以及配方的设计，完全是建立在动物自由采食这一基本前提条件之上的。

自由采食就是假定动物按需采食，来满足其生理活动和生产的需要。不过，许多研究和生产经验表明，干预饲喂可以改变采食量。精细的诱导饲喂程序可以改变动物的采食行为，促进动物的采食，达到“多吃多长”的目标。

显然，在目前动物营养研究中，还缺少“多吃多长”对营养素需要量影响的研究。由于增加的采食量和增重的改变与自由采食方式下的增重不完全相同，相应的营养需要也应有所调整。简单地说，在饲料营养领域，对于“加快生长”所需的营养素比例调整以及相应的配方调整，目前还缺乏必要的实验数据。

在饲养实践中，经常会发现，在同一饲养场，在人工喂料的方式下，不同饲养员的生产业绩差别很大。同样的动物群、同样的饲料、同样的养殖环境，业绩的差异来自喂养过程，其中最重要的是喂料。优秀的饲养员会自觉不自觉地采用精细的诱导饲喂程序，让动物尽量多吃，以使动物长得快、生产业绩也更好。但在劳动力紧缺的时代，招聘优秀饲养员越来越困难。因此，需要采用能模拟优秀饲养员喂养经验的智能饲喂器。

浸泡饲喂是十分传统的饲喂方式。饲料经过几个小时的浸泡后，水分进入玉米、豆粕等原料的颗粒内，饲料会膨胀，并变得柔软。当被采食到胃后，会更容易被胃内的消化酶消化。因此，虽然未有大量实验数据的支持，主流的看法和经验是，饲料浸泡可以提高饲料的消化率。

分餐饲喂既可以是人工方式下自由采食的一种形式，也可能是优秀饲养员实施精细的诱导饲喂程序的秘诀。由于采食量在某种意义上属于动物的一种社会行为，动物与动物之间的交流（牵涉群体内各动物的等级次序）、人与动物之间的交流会影响动物的采食。

对于浸泡饲喂和分餐饲喂，由于目前劳动力的缺乏，不管是采用自由采食方式，还是采用精细的诱导饲喂程序方式，均需要智能饲喂器来实施和完成。

通过以上分析可知，目前流行的饲喂方式是干法自由采食。这是简单实用的饲喂方式。但精细的诱导饲喂程序、分餐定量饲喂、浸泡饲喂，由于具有促进采食量、加快增重和提高饲料消化率的独特作用，在当前智能化时代的背景下，也值得重视和探索。

第二节　精准饲喂器

通过前述分析，不难得出理想的精准饲喂器的设计要求有以下7点：

1. 可以控制下料。
2. 进一步，可以精确控制下料的数量。
3. 下料的数量可以由动物触发，也可以由内置的程序控制。
4. 具有对剩料数量监控的能力。
5. 智能化，可以模拟优秀饲养员的喂料方式。
6. 饲喂器定量放液。
7. 定量放液和浸泡饲料。

控制下料是精准饲喂器的前提条件。通过控制下料，控制每次下料的数量，可以减少饲料的浪费。若配备了剩料数量监控设备，则可以基本杜绝饲料的浪费。

若饲喂器能统计、储存和报告每日的喂料量，则可以为用户提供十分有用的生产管理信息。当精准饲喂器的喂料模式可以训练动物增加采食量、分析和观察动物不正常的采食行为，或具有模拟优秀饲养员的喂料经验，则可以把这样的饲喂器称为智能饲喂器。

目前的精准饲喂器多配有定量放液的功能，这样动物可以采食到“潮拌料”。潮拌料非常有利于减少饲料粉尘。但在提高饲料消化率方面，浸泡料是很好的选择。

此外，现有的精准饲喂器多数按自由采食原理设计，设备下料的触发是通过动物触碰传感器来实现。由于本质上是自由采食，如前所述，这种方式无法实行分餐饲喂，很难实现浸泡饲喂，也无法实现精细的诱导饲喂程序。同时，这种饲喂器在技术上也很难进化成为智能饲喂器。

目前，推荐一款 Alphapig 云精准饲喂器。该精准饲喂器的下料由设置在料槽和料仓间的一个转轴及伺服电机控制。转轴上有一个凹槽，转动一次，可以放固定数量的饲料。凹槽的体积约150mL，若饲料的比重为每毫升 0.65g，每次下料量为 100g。伺服电机的转动由计算机软件系统控制。饲喂器下料的数量由软件系统设定或由用户设定。由于饲喂器上装有能监测料槽剩料的摄像头，软件系统可以获知剩料信息，并自动调整翌日的喂料计划。

软件系统已预设了喂料数据，并通过摄像监控系统获知料仓剩料信息来调整喂料量，从而实现了自动喂料。系统会记录每日或每餐的实际喂料量，并统计整栋和各栋的喂料数据。数据可以表格的形式打印输出，这样用户可以每日得到动物的采食量信息。

目前还没有进行喂料软件系统的智能化设计，如实施精细的诱导饲喂程序来增加动物采食量，或者通过向优秀饲养员学习喂养经验，形成一系列的规则和人工智能算法，从而实现机器的智能饲养。

精准饲喂器有两种长度规格：一种长度为40cm，可储存40kg饲料，可喂养1头种猪；另一种长度为150cm，可储存80kg饲料，可喂养10头商品猪或100～200只商品肉鸡。

该饲喂器配有定量放液管，可以在任何时候启动为料槽加水或其他液体。在料槽上方配有电机控制的料槽盖。系统可在下次喂料前，预先按设定的量放料、放水，并盖上料槽盖。浸泡3～5h，自动开盖喂料。

在实际饲养中，由于每栋养殖舍需要放置数十个，甚至数百个精准饲喂器，设备的布线和系统可靠性会下降，系统专门设计了轨道行走精准饲喂器。

为配合系统的运行，需要在动物上方设置轨道，并在轨道的固定位置下方放置喂料槽。

行走精准饲喂器将按系统设定的程序，首先定位到相应的喂料槽，然后定量下料。不过，放液管和料槽盖则设计在喂料槽上。

同样地，行走精准饲喂器上配置有料槽剩料监控系统。计算机软件系统在获知剩料信息后，会自动调整第2d的喂料量。

Alphapig云精准饲喂器，可以实现以下功能：

1. 控制喂料。
2. 精准喂料。
3. 自动精准喂料。
4. 数据记录和报告。
5. 水和液体投放。
6. 分餐饲喂。
7. 浸泡饲喂。

8. 大规模现场使用。

9. 用于猪和家禽饲养。

10. 未来发展的方向是智能饲喂。

精准饲喂器具备主动干预动物喂料的能力，升级传统的自由采食模式，实现多方面的知识、技术应用，促进动物喂养方式的变革和效益的提升。

第三节　计算机控制系统

精准饲喂器的控制能力来自控制器及内置的软件系统。由于需求不同，精准饲喂器喂料的控制方式有以下 3 种：

一、定时器控制

目前的定时器均配有微型时间控制器，可以设置多时段的启动时间、持续时间。例如，对于商品猪，可以设定 3 个时段的喂料（7：00、12：30、18：30），每个时段设定持续时间。持续时间则由每个时段的喂料量和机器单位时间的下料量来确定。

用户首先确定翌日的喂料量，如每头猪 2 000g，分 3 餐饲喂，每餐为 600g、600g 和 800g。若机器每秒的下料量为 15g，第一时段机器的运行时间为 40s，第二时段为 40s，第三时段为 53s。

尽管用户需要每日计算和输入运行秒数，并根据剩料量调整每日总喂料量数据，但由于控制简单、价格便宜，该控制方式对于小型养殖场来说是特别合适的。

定时器控制方式不适用于轨道行走精准饲喂器喂料方式。

二、PLC 可编程控制器控制

PLC 可编程控制器用于设备的自动控制，应用十分广泛。如各种类型的机器人、自动生产线等，均通过 PLC 可编程控制器来控制操作和运行。

PLC 控制器有成熟的编程语言，但需要专业人员来编程。Alphapig 云系统专门设计了一套 PLC 控制器表格系统，用户可以直接修改 PLC 可编程控制器的喂料计划数据。

使用表格系统不需要掌握编程语言，也不需要专门的计算机知识。用户在计算机装上表格系统软件后，可以随意、方便地修改翌日各饲喂器的喂料计划，也可以在当日随意修改各饲喂器各时段的喂料量。

每个 PLC 控制器可以控制数十个饲喂器，因此，中型或大型养殖场均可以使用该控制器来控制精准饲喂器。按单个精准饲喂器计算，表格控制器的投资成本低于定时器。

三、计算机控制系统

采用定时器和 PLC 可编程控制器方式方便实用，但最大的不足是数据管理、数据分析和智能演化。

采用以 Java 语言或 C 语言设计的计算机软件系统，可以实现以下功能：

1. 方便的数据修改，用户可以通过屏幕界面方便地修改各饲喂器的喂料数据。

2. 方便的数据管理，系统会记录每日的喂料数据，分析统计数据，并打印喂料报告，十分有利于养殖企业的生产管理。

3. 对于大型喂料系统，软件系统会记录系统每一步的运行状态，如停电、机器故障和其他不测情况造成系统运行停止或异常。

4. 可以控制数百台、数千台设备，并实行数据的集中管理。

5. 采用物联网模式，可以远程数据共享或实现远程控制。

精准饲喂的计算机系统可以大幅度提高养殖企业的管理水平、异常事件的反应速度和养殖效益，应是精准饲喂技术的重点发展方向。

种猪饲喂站采用射频芯片信息识别交换技术，近年来得到一定的应用。该系统是计算机控制饲喂的一个成功应用范例。

第四节　营养学数据

解决了精准饲喂，就可以重新思考营养学研究结果及相关数据，如何更好地为养殖生产服务。

对于养殖企业，目前普遍的误区是畜产品价格最重要，营养和饲料技术的进步可以放一放。原因是多方面的，一方面，现实情况下国内畜产品供需周期性变化突出，价格大起大落，价格变化产生的利差值远远超过饲料或饲养技术改变带来的收益；另一方面，养殖场也缺乏高水平的营养和饲料技术人员，不能有效接受和转化营养与饲料技术的先进成果。

高水平的技术人员缺乏不容易解决，但精准饲喂系统的使用则为先进技术的应用创造了条件。为此，特提出以下一些应用的思路：

1. 在使用精准饲喂器的前提下，设计和制定更加精准的营养需要量数据，从而最大限度地发挥动物的生产性能，最大限度地减少营养素的浪费。

2. 重新评估现有的能量、蛋白质水平和生产性能的关系数据，更好地得到“吃多少，能得到多少，是什么质量”的可靠数据，从而可以更科学地指导生产实践。

3. 对于大型养殖企业，需要自行建立评估系统。以当代营养学研究成果为基本依据，在精准饲喂系统的基础上，结合其他技术，如超声波测膘技术、地磅自动称重系统技术，提出和验证多种喂养方案的生产效果。如分餐饲喂、精细的诱导饲喂程序、优秀饲养员喂养经验智能化等。

4. 重新评估钙、磷、食盐、维生素和微量元素的需要量。由于喂料精确，采食到体内的这些营养素数量也基本确定。若有精确的需要量数据，即可以真正实施需要多少给多少。这样可以最大限度地减少多余营养素的排放，可以更容易地处理粪尿排泄物，更好地保护环境，实现养殖业绿色可持续发展。

5. 应大力开发多种多样用户友好的软件系统、专家系统和智能系统，消除或者说跨越技术鸿沟，让养殖企业能及时利用先进的理论成果和技术成果，提高其生产效率和效益，增加抗风险的能力。

第五节　重点应用方向

一、种猪

种猪生产性能的高低直接影响猪场的经济效益。合理的饲料供给，可以在保障正常繁殖需要的同时，避免体重的过瘦或过肥。精准饲喂器结合相应的软件系统，可以在种猪生产领域发挥重要的作用。

近些年得到推广应用的种猪饲喂站，是精准饲喂技术应用的成功范例。不过，由于饲喂站需要对现有养殖室进行改造，因而有投资成本过大的缺点。Alphapig 云母猪专用精准饲喂系统可以有效地帮助养猪场控制母猪的喂料。

Alphapig 云母猪专用精准饲喂系统内存有一套按母猪生产阶段、体况与喂料量关系的数据库，用户可以调用该数据库，作为系统的推荐值来饲喂母猪，同时也可以根据实际情况进行调整。

系统还提供云服务。用户在使用 Alphapig 云母猪精准饲喂系统过程中，系统会自动将母猪的体况拍照发送到云中心。云中心的大数据计算系统会自动评估母猪的体况，并将结果传回猪场系统。猪场系统将根据接收到的评估信息来调整喂料计划。该系统的应用可以有力地改善中小养殖企业的母猪管理水平。大型养殖企业也可以利用该系统实施更有效的监督监管。

二、商品猪生产性能评定和最佳出栏时间测算

关于“什么时候卖猪划算”，是一个业内老生常谈的话题。大致估计容易，精准获得却很难。

根据下列公式：

效益 R＝增重收益－总支出，其中：

增重收益：日增重 W_z×日毛猪价格 P_z

饲料支出：日投料重 W_f×日饲料价格 P_f

总支出：饲料支出除以饲料成本占总成本比 C

则有：$$R=W_z\times P_z-W_f\times P_f/C$$

例如：若 $P_z=16$ 元/kg，$W_z=0.75$kg，$P_f=3.0$ 元/kg，$W_f=3.0$kg，$C=0.75$

则 $R=0.75\times16-3.0\times3.0/0.75=0$，表示盈利为 0，没有效益。

若知道 W_z、P_z、W_f、P_f 和 C，计算 R 并不难。也可以得到最佳出栏时间，即 R 为 0 的时间；若 R 为负值，表示养殖赔钱。

实际生产中，P_z、P_f 较为确定，C 也可以根据历史数据计算得到，但 W_z 和 W_f 不易确定。

每日增重值，在商品猪生产后期，不仅与品种、饲料、饲养环境和采食量有关，还与商品猪生长期的自身状况有关。例如，早期生长好的猪，后期生长也会正常；但若在某个生长阶段生长异常，到后期会产生两种情形：一种是加快生长，另一种是生长变慢。

由此可见，准确得到商品猪后期体增重数据十分困难。此外，在现行的自由采食饲养模式下，每日的采食量值也难以准确估测。

无法得到精准的 W_z 和 W_f，就无法得到 R，也无法得到最佳出栏时间。

后期一头猪的日饲料采食量达到 3kg 左右，若在 R 为负值的情况下继续饲养，就会产生养殖赔钱的情况。每年出栏 1 万头猪的养殖场，若因在 R 为负值的情况下继续饲养，产生赔钱的金额为 20 元（约 7kg 饲料），一年的损失将在 20 万元左右。

因此，建议使用 Alphapig 云母猪专用精准饲喂系统。有了这一系统，可精确计算 R，难题也就迎刃而解。

若能获得商品猪每日的采食量和增重数据，猪场、育种公司或研究人员可以十分方便地评价各种饲喂方案或技术措施的效果。这一点对于猪场的生产监控尤其重要。在每一栋商品猪舍，选择 1～2 栏配置该系统，可以每日获得采食信息和增重信息。这样可以及时发现饲料的异常情况，并及时采取措施。同时，可以通过比较历史数据，得到同期饲料原料、配方和添加剂等的饲喂效果信息。

科学饲养和效益的提高，不是凭空想象出来的，而是通过细致点滴的改进获得的。

该系统由以下子系统构成：

1. 饲料精确投饲子系统 可以实现喂料的精确控制，并通过系统软件实现随时随地对猪群的投料数据进行检索、设定、修改和监测。

系统具体功能和应用如下：

（1）实现精确投料，精确记录日采食量。

（2）精确测定和记录生长育肥猪的采食量。

（3）通过合理增加日投料量，训练和提高生长育肥猪的采食量，从而提高猪的生产性能。

（4）通过比较实际采食量和系统提供的各猪群的日采食量建议值的差异，可以评价猪场猪群的生产状况和饲料质量。

（5）系统投料数据和实际剩料数据均可通过联网修改，管理员或厂长可以在任何有网络的地点了解、获取、设定和修改猪群的投料量、投料次数及数量。

（6）系统输出的每日、每周、每月和一年的各猪群的饲料消耗量，可以为猪场及时了解、监视猪群的生产状况以及调整相应的管理措施提供可靠的数据信息。

（7）育种公司和种猪场可以利用该系统监测其品种的生产性能表现状况和各生产场的经营状况。

（8）猪场采用该系统可以评价不同饲料配方的养殖效果。

2. 液体精准输送投放系统　在养猪生产过程中，液体投放是一个很重要的饲养环节。Alphapig 云母猪专用精准饲喂系统通过其专有的液路系统，可以在猪采食的同时，为每栏猪定量输送液体，使投放的液体随饲料一起采食，精准有效。

3. 自动称重子系统　该称重子系统由地板、地磅、电子眼、数据通信等单元构成，可自动完成栏内猪的称重和数据传输。

4. 报告系统

（1）系统将显示每日的投料量、饲料价格、饲料成本支出、总成本支出、每日增重、毛重价格和增重收益，并计算出当日的养殖收益。系统储存每日的数据，用户可以检索、查看和打印数据。

（2）该系统若结合超声波背膘测定结果，可以为制订最佳瘦肉率的饲喂方案提供科学依据，避免育肥后期商品猪过多的脂肪沉淀。

三、肉鸡、肉鸭饲养

精准饲喂也可以很好地应用于肉鸡、肉鸭饲养。首先，精准饲喂通过程序化的下料，在满足肉鸡、肉鸭采食的前提下，可以有效避免饲料的浪费。其次，精准饲喂系统可以大大减轻肉鸡、肉鸭饲养者的饲喂劳动时间，让他们有更多的精力和时间用在生产管理上。最后，采用精准饲喂系统，在肉鸡、肉鸭饲养后期，可以适当调整喂料量，以控制胴体过多的脂肪沉积。

第三章 环境智能调控与养殖

畜禽产品需求不断增长、小型养殖散户快速退出和劳动力资源日益紧缺等多重压力的叠加，促使我国畜牧业向规模化、集约化和标准化方向绿色转型升级。据统计，目前我国存栏 1 000 头以上的猪场、存栏 100 头以上的牛场和 10 万羽以上的鸡场有 12 800多个，2017 年畜禽养殖规模化率达到 58%左右。在规模化养殖中提高养殖环境质量，减少劳动力投入，提高畜禽生产效率，实现高效率、高收益、高环保的合理化和标准化养殖管理，是当前我国畜牧业转型升级面临的一大难题。以移动互联网、物联网、云计算、大数据和人工智能等为特征的新一代信息技术正在全球范围蓬勃发展，信息化与各行业领域的深度融合是当前全球信息化发展的显著特征。近年来，以数字化信息技术为核心的畜禽智能养殖技术不断深入畜禽养殖各个环节；环境调控系统、自动饲喂和收采机器人等智能化养殖设备，成为畜牧业提高生产效率、解决劳动力资源短缺和实现健康福利养殖的重要技术抓手。采用人工智能和物联网技术，实现智能化畜牧业生产是我国畜牧业转型升级的重要助力。

本章围绕养殖环境智能调控、畜禽智能化辨识和智能化饲养管理 3 个领域，以热环境、空气质量和光照为主要环境调控因素，分析了养殖环境对畜禽健康的影响以及国内外环境调控的最新技术，介绍了以生理、行为、声音和个体自动监测为途径的畜禽健康智能辨识技术，以及精准饲喂、机械清粪、畜产品自动收取和养殖信息综合管理等智能化饲养管理技术与装备。在总结现有问题的基础上，提出了相关建议，旨在为我国畜牧业转型升级和健康可持续发展提供理论依据和技术支撑。

第一节　畜禽智能养殖的技术与装备

一、流动环节

以物联网关键技术应用为基础，利用条码技术和RFID技术对动物和物品进行标识，利用集成相关识别器的移动智能终端通过Android应用进行生产管理。并通过移动智能终端将数据发送到后台系统。以此达到生产移动办公化，主要流程如下：

1. 饲养环节　在牲畜出生的时候，其身上安装RFID标签(如做成耳标或脚环)。这些电子标签在牲畜一出生时就打在耳上，此后饲养员用一个手持设备，不断地设定、采集或存储它成长过程中的信息，从源头上对生产安全进行控制。同时，记录牲畜在各个时期的防疫记录、疾病信息及养殖过程关键信息的记录。

2. 屠宰环节　在屠宰前，读取牲畜身上的RFID标签信息，确认牲畜有过防疫记录并切实健康的，才可以屠宰并进入市场。同时，将该信息写入包装箱标签、货物托盘标签和价格标签中。

3. 主管部门监管环节　监管部门在进行市场监管的过程中，要求所有销售网点的货物托盘、包装箱和价格标签都内含RFID电子标签，将肉类的产地、品名、种类、等级、价格等相关数据写进电子标签。

4. 物流配送环节　生鲜肉类进入流通环节，在装载肉类的托盘或包装箱贴上RFID电子标签，运送到指定的超市或市场销售点。在交接货物时，只需通过固定的远距离读卡器或手持读写器读取包装箱或托盘上的RFID电子标签即可。

5. 外来牲畜的管理　如是外省市运来的已经屠宰好的肉类产品要进入市场，先到指定的监管地点进行产品检验。检验合格后，加贴有关产品信息及相关检验信息的电子标签。同时，监管部门发给市场销售产品的资质证书。

二、设备组成

通过在畜禽养殖舍内布置环境监测传感器，首先监测到数据。根据所检测的环境参数，设定设备运行的上下限制来控制设备的自动运行。通常包括以下部分：

1. 信息采集系统 二氧化碳、氨气、硫化氢、空气温湿度、光照度、气压、粉尘等各类传感器，实时采集养殖舍内的环境参数。

2. 无线或有线传输系统 无线传输终端或有线链路，将采集层的数据传输到上位机平台，即可远程无线传输采集数据。

3. 自动控制系统 主要包括温度控制、湿度控制、通风控制、光照控制、喷淋控制以及定时或远程手动喂食、喂水、清粪等。

4. 视频监控系统 可远程监控各舍内的视频图像及环境变化情况，及时查看畜禽的成长生活状况，密切关注疫情。

5. 软件平台 可通过计算机或手机等信息终端，远程实时查看养殖舍内的环境参数，通过应用平台实现自动控制功能、各类报警功能。

第二节 畜禽养殖环境智能调控技术与装备

养殖环境是影响畜禽健康和生产力的重要因素之一。现代规模化、集约化养殖中畜禽场舍小气候环境的调控，可为畜禽提供适宜的生产环境。这不仅关系到动物本身福利健康，更与畜禽产品质量、动物食品安全和养殖场经济效益息息相关。畜禽舍环境调控主要包括热环境、空气质量及光照调控。

一、圈舍内温湿度、氨气等对饲养动物的影响（以鸡舍为例说明）

1. 鸡舍内温湿度的影响 调节鸡舍内的温湿度，以营造舒适的温湿度环境。

（1）温度对鸡的影响非常大，要做好温度调控工作。养鸡场的温度如果过低，鸡容易受凉而引起拉稀或产生呼吸道疾病等；雏鸡为了取暖容易造成扎堆，不仅影响采食和活动，而且会造成伤残，严重时会造成大量死亡。湿度也是养鸡环境中的一个重要的参数。相对湿度在35%以下，易引起呼吸道疾病，使鸡的羽毛生长不良，舍内灰尘增多，也是啄癖发生的原因之一。所以，防止舍内潮湿和过分干燥也是管理的一项重要任务。

（2）通过对圈舍内温湿度的准确测量，根据鸡舍内温湿度的要求，当鸡舍内温湿度过高或过低时，及时启动降温、除湿或加温、加湿，以保证鸡舍内合理的温湿度。在寒冬尤其是北方，需要对鸡舍进行保温处理，适当进行送暖（如利用太阳能、电热炉、锅炉供暖）等。

2. 鸡舍内氨气的影响 氨气是动物圈舍内最有害的气体之一，氨的水溶液呈碱性，对黏膜有刺激性，严重时可发生碱灼伤。研究发现，冬天鸡舍内氨气等有害气体大量积聚，会加速高热病（高致病性禽流感）的发生，传播疾病的易感性，降低生产性能。高浓度的氨气危害表现在以下方面：

（1）氨气影响鸡的生长性能。氨气能引起黏膜细胞快速生长和代谢，这就会造成氧和能量的需要增高，同时氨的解毒过程是一个高度耗能的过程。因此，动物用于生长和生产的能量就相应减少，从而影响动物的生长性能。

（2）氨气可以降低机体抵抗力。圈舍内的氨气通过呼吸道吸入后，经肺泡进入血液，与血红蛋白结合，使血红素变为正铁血红素，降低血红蛋白的携氧能力和血红素的氧化性能，从而出现贫血和组织缺氧，降低机体对疾病的抵抗力。

（3）高浓度的氨气对鸡群危害很大，主要是诱发呼吸道和眼部疾病，以及降低鸡群的生产水平（建议采用自动化的方式降低鸡舍内氨气浓度）。

因此，鸡舍内氨气浓度对鸡的影响很大，应采取措施降低鸡舍内氨气浓度，保障鸡的活力。

二、环境智能调控

1. 热环境调控 现代畜禽养殖基本为舍饲，环境温度适宜时，动物健康水平良好，生产性能和饲料转化率都较高。过高或过低的温度会引起动物热应激或冷应激，破坏体热平衡，导致畜禽生产力下降或停止，甚至死亡。艾地云（1995）研究发现，在持续高温环境（28～35℃）下，体重 15～30kg、30～60kg 和 60～90kg 的试验猪日采食量较常温环境下分别降低 9%、14% 和 20%，日增重分别下降 11%、21%和 23%，料肉比分别增加 0.05、0.23 和 0.14；当环境温度在 21～30℃和 32～38℃范围内，温度每升高 1℃，鸡只采食量分别下降 1.5%和 4.6%。奶牛在热应激时，食欲减退、呼吸频率增加、直肠温度升高、生产性能下降，直肠温度每升高 1℃，平均日产奶量减少约 1.26 kg/头。环境湿度、气流与温度有协同作用，高温时环境湿度增大 10%，相当于环境温度升高 1℃。畜禽舍内气流速率及分布均影响动物机体散热。为缓解畜禽高温热应激，规模养殖场常用的降温方式有湿垫-风机蒸发降温、滴水/喷雾蒸发降温和地板局部降温等。纵向负压通风鸡舍采用湿垫-风机降温系统，在我国南方地区可将鸡舍内最高气温控制在 32℃以内，在黄河以北地区可将鸡舍内的最高气温控制在 28℃以内。蔡景义等（2015）研究发现，封闭式牛舍风机喷淋降温可使舍内 14：00 的平均温度降低 1.84℃，肉牛呼吸频率降低 4.93 次/min。Shi 等（2006）研发的利用地下水的猪舍地板局部降温技术，可使高温环境下

（34℃）母猪躺卧区温度控制在 22～26℃；与 35.8℃地板相比，27.6℃地板可使母猪日采食量增加 0.86kg，直肠温度、体表温度和呼吸频率均显著降低（$P<0.01$）。Li 等研究发现，猪舍进风向下气流比向上气流提高猪体对流散热量 60.4%。

对畜禽舍热环境的调控，畜禽舍建筑外围护结构的保温隔热性能及其气密性是基础，畜禽舍的通风系统优化设计与调控是关键。Wang 等（2018）对我国不同气候区的鸡舍建筑围护结构性能与养殖方式（饲养密度）关系等进行了研究，提出了不同气候区屋顶和墙体的热阻要求。Hui 等（2018）研究了我国北方地区夏季因湿帘降温纵向通风导致舍内气温骤降产生的温降应激，提出了基于湿球温度的舍内温度调控新方法。王阳等（2018）针对西北干旱高昼夜温差地区的湿帘降温和通风系统设计新方法，采用山墙集中排风和纵墙均匀进风的夏季环境调控新技术，实现了西北干旱地区夏季降温防骤降应激与温度场和气流场的均匀管控。

2. 空气质量调控 畜禽舍内，由于动物的粪尿、饲料、垫料等产生的粉尘、积存发酵产生的气体，舍内空气质量比较恶劣，易引发以畜禽呼吸道疾病为主的各种疾病。研究发现，猪舍内氨气浓度为 35mg/m^3 时，猪只出现萎缩性鼻炎；氨气浓度为 50mg/m^3 时，猪只增重下降 12%；氨气浓度达 100mg/m^3 时，猪只增重下降 30%。硫化氢浓度为 20mg/m^3 时，猪只采食量降低且易引发呼吸道疾病；浓度为 30mg/m^3 时，猪只畏光、丧失食欲、表现神经质；浓度达到 76～304mg/m^3 时，猪只出现呕吐、失去知觉，最终导致死亡。畜禽舍内粉尘是病毒、细菌、放线菌等有毒、有害成分的主要载体，是引起动物和工作人员呼吸系统问题的主要原因。

规模畜禽舍空气质量调控常采用源头减排、过程控制和末端净化 3 种方式。Liu 等（2017）发现采用补充氨基酸减少日粮粗蛋白 2.1%～3.8%和 4.4%～7.8%时，养猪生产的源头氨排放分别减少 33.0%和 57.2%。程龙梅等（2015）测试证明了鸡舍传送带干清粪工艺方式较地沟刮板清粪方式可显著改善舍内空气质量。Lim 等（2012）采用 254mm 厚度的生物过滤装置可将育肥猪舍粪沟排出舍外的气体的氨气和硫化氢浓度分别降低 18.0%～45.8%和 27.9%～42.2%，颗粒物质（PM10）和总悬浮颗粒分别减少 62.9%和 96.3%。

3. 光照调控　不同畜禽对光照的敏感度差异较大，尤其是鸡对光的反应十分敏感，其生殖活动与光照密切相关。因此，现代鸡舍普遍采用人工控制光照时长与节律。在蛋鸡和种鸡生产中，已普遍采用光照时间和光照度的调节，以影响和控制鸡的饲料消耗、性成熟、开产日龄、产蛋率和改善蛋品质等。贾良梁等研究发现，光照周期显著影响肉鸡增重和饲料消耗（$P<0.05$），且对肌胃、血液和羽毛相对重量影响显著（$P<0.05$），对胸肌相对重量影响极显著（$P<0.01$）。Lewis 等的研究显示，Ross 种鸡在产蛋期采用 14h 光照时长，机体性成熟早于 11h 光照时长，且破蛋率较低；Cobb 肉种鸡产蛋期光照时长≤14h 时，随着光照时长增加，开产时间提前，产蛋量增加。

随着近年来对畜禽用 LED 光源的开发与应用，光色对畜禽生产性能的影响以及光环境节能调控的研究也在不断深入。通过 LED 的光色、光照度与光周期等因子的调控，可影响肉鸡小肠黏膜结构来提高营养吸收和促进生长；通过影响卫星细胞增殖及肌肉纤维发育提高屠宰性能与鸡肉品质，同时影响行为和健康，增强免疫力，以及降低死亡率和疾病发生率等，且节能效果显著，每 1 万只蛋鸡每年可节省电费 0.3 万元以上。

4. 自动化环境调控系统　近年来，以数字化技术为核心的畜禽智能化养殖技术不断深入畜禽养殖的各个环节。在养殖环境调控方面，将现有的单因素环境调控技术与现代物联网智能化感知、传输和控制技术相结合，利用先进的网络技术设计成养殖环境监测与智能化调控系统。系统通过传感器获取畜禽舍内温度、湿度、光照度和有害气体浓度（二氧化碳、氨气、硫化氢等）等环境参数信息，然后经过一定的方式将其传输到系统控制中心；主控器根据采集的环境数据经分析汇总后发出对应的操作命令，并下发给各环境参数控制的终端控制器节点，使其控制相应的现场设备，实现养殖场的环境自动调控。目前，国内外已有多种养殖环境自动监控系统和平台，可实现畜禽养殖自动化环境调控，克服了传统人工监测控制的滞后、误差大及采用单一环境因素评价舍内复杂环境不准确等弊端，为动物创造一个能发挥其优良生产及繁殖性能的舒适舍内环境。

第三节　畜禽智能化辨识技术与装备

比利时学者 Berckmans 最早提出精准畜牧业的概念，即连续、直接、实时监测或观察动物状态，使养殖者及时发现和控制与动物健康和福利相关的问题。近年来，畜禽个体识别技术发展迅速，主要表现为利用机器视觉、物联网等先进技术，对动物个体、生理指标和行为活动等进行自动识别，实现智能化饲养管理，为畜禽的养殖管理和健康预警提供技术支撑。

一、生理指标识别

家畜体重和体尺是评价动物生长的重要参数，定期检测其变化可有效评估动物的健康和生长状况。传统家畜体重、体尺测量主要靠人工操作，存在工作量大、耗时费力、测量结果不客观、对动物应激大等缺点。由于动物体尺、体重等生长参数之间存在相互关联性，可利用体尺等生长参数预估动物体重。目前，国内外采用计算机视觉技术进行畜禽体尺体重测量，构建了单视角点云镜像、基于双目视觉原理和 RBF 神经网络等测算方法，在不影响动物的情况下通过拍摄和计算，评估动物体尺、估算体重，测量结果准确度较高。

畜禽体温和心率数据是判断其健康状况的重要指征。传统的测定方法存在时间长、交叉感染、工作量大、动物应激大等问题，不能适应规模化养殖业的需求。目前，体温、心率的测定主要是基于无线物联网、红外测温、视频成像和心电传感等技术，研发的畜禽体温实时监测采集和心电监测系统，尚处于实验室阶段，难以在生产中准确测量动物体温和心电等数据。

二、声音识别

畜禽声音识别和定位是研究动物行为、反映动物健康的重要手段之一。对动物声音信号进行特征辨识和定位，能够提高异常行为辨识的准确率，帮助养殖企业及时掌握畜禽健康状况。现有的声源识别和定位技术主要采用麦克风、拾音器等收录设备将动物叫声、饮水声和咳嗽声等声音信息实时录制，并建立声音分析数据库，辨识动物异常发声，对早期疾病进行预警。比利时鲁汶大学等研究开发的猪咳嗽声音识别技术已经应用到欧洲猪场的生产实践中，可以自动识别不同原因引起的咳嗽声，并排除非呼吸道疾病引起的咳嗽声，从而有效减少抗生素的使用等。

三、个体识别

个体识别是畜禽精准养殖管理的重要基础，主要包括图像识别和电子耳标两种技术。图像识别近年来发展较快，如人脸识别技术已经得到广泛应用。但对动物的图像识别技术，如猪脸识别等目前尚处于探索阶段。电子耳标技术在母猪饲养上已有较多应用，但轻便小巧、便于动物佩戴、省电或具有自供电能力又方便获取信号的新型电子耳标尚有待开发。近年来，开发应用较多的是采用手持机进行读写的方式，可实现个体的用料、免疫、疾病、死亡、称重、用药、出栏记录等日常信息管理，可追溯性较强。随着射频识别（RFID）电子耳标的国产化，耳标价格大大降低，应用范围将不断扩大。

第四节　智能化饲养技术与装备

畜禽饲养技术与装备不仅决定着畜禽的饲养方式，影响畜禽养殖的环境条件，与畜禽健康和畜产品质量安全直接相关，而且影响生产效率、生产成本和生产效益。欧盟自进入21世纪以来，在畜禽饲养技术与装备方面陆续研发了新一代的养殖新工艺。例如，改母猪定位饲养为群养，结合母猪个体识别技术、智能化精准饲喂技术、发情识别技术和自动分群技术及系列设备的研发与应用，彻底解决了母猪定位饲养的繁殖障碍病，从而使得每头母猪年均提供的断奶仔猪数（PSY）从不到25头提高到30头以上。畜禽饲养技术与装备的转型升级，为欧美国家畜禽养殖产业的可持续发展奠定了基础。我国目前发展的畜禽养殖现代化技术与装备，主要是参照美国的工业化与集约化养殖模式，在精准饲喂、自动化清粪和畜禽产品自动采收等方面取得了一定进展，但研究成果缺乏系统性。

一、精准饲喂

随着饲料行业的发展，“精准、高效、个性化定制”成为饲料产业关注的焦点。精准饲喂可以提高经济效益，通过准确地分析饲料原料营养成分含量，可以更好地理解动物的消化过程和准确的营养需要量；更加关注质量、高效、多样性、价值、安全及可持续性。

对一个动物真实养分需要的评估仍旧是一个关键因素，对于精准饲喂而言非常重要。严格按照要求进行畜禽的饲喂值得关注，原因主要有以下3点：第一，饲料是养殖企业最大的成本构成，因此严格按照要求进行饲喂会降低饲料成本。第二，动物通常都是成群进行饲喂的，因此需要有一个安全限度来确保动物能够足量获得每一种养分。第三，太高水平的养分会对动物（肠道）健康造成消极影响。这可能会增加抗生素的使用，而某些抗生素是必须要避免的。因此，对饲料和营养及其对成本、健康和环境的影响的知识是非常重要的。

另外，传感器技术在畜禽养殖中的使用非常迅速。对采食量、生长率、健康等的监测将会帮助养殖企业进行动物群的管理。精准养殖，尤其是精准饲喂，会帮助养殖企业进行效益的优化，会对动物的健康、福祉和环境产生积极影响。

不同的生产目标主要由经济因素决定，同时受立法、环境、动物福利、消费者需求、动物健康、劳动力的可用性或其他外部因素的影响。另外，在特定生产阶段中，具体生产目标对养分需要的精准测定将有助于为动物个体或群体提供必需量的养分，以及对采食量的监测。这给最优地使用一个群体动物中动物的差异或为这样的差异进行补偿提供了良机。因此，应对动物差异问题的农场对养分供应迅速地适应将会促进利润的提高，并减少给环境带来的压力。这将会成为一个全球广泛关注的话题。

目前已有很多关于畜禽营养的知识了。然而，遗传学、管理、房舍、福利法规和其他因素在不断地发生变化，使得相关知识成为一种必要的持续性需求。这也意味着，与遗传和客观环境相关的养分需要会发生变化。对低磷和低可消化赖氨酸水平日粮的相关研究也表明，可以减少这些养分的水平，至少在蛋鸡中可以。这种情况是否适用于其他家禽品种尚不得知，需要进行调查研究。对一个动物真实养分需要的评估仍旧是一个关键因素，对于精准饲喂而言非常重要。对蛋鸡进行的试验都是基于鸡舍的，并非针对禽只个体。精准饲喂面临的一个重要问题是，单独饲喂鸡只是否必要。这是需要首先探讨的问题之一。下一步则需要实施采食量、生产性能、健康状况等的准确监测，与养分需要有关的消化率和排泄率也要进行监测。大数据将在精准监测系统和饲料相关的调整中发挥关键作用。

智能化精准饲喂已成为畜禽健康营养供给的重要措施。精准饲喂不仅可解决人工饲喂劳动强度大、工作效率低等问题，而且能满足畜禽不同生长阶段的营养需要，提高畜禽健康水平和生产效率。综合利用机电系统、无线网络技术、Android 技术、SQL Lite 网络数据等智能化技术手段，研发母猪电子饲喂站和智能化饲喂机等基于信息感知、具有物联网特征的畜禽智能饲喂系统（图 3-1），在荷兰、丹麦、德国等欧盟国家可实现畜禽精细化、定时定量、均衡营养饲喂，提高饲喂效率和饲料转化率。我国目前在精准饲喂的日粮配置、不同生理阶段日粮营养需要模型、畜禽养殖环境与个体信息数据的精准采集、畜禽养殖数据库的建立与应用等方面缺少产业化研究开发，影响了饲喂装备技术的智能化开发应用。

图 3-1　母猪电子饲喂站

二、自动化清粪

采用自动干清粪工艺方式是畜禽健康生产管理和粪污综合治理的重要前提。自动化清粪主要利用动物行为、机械设备和自动控制等技术，优化设计清粪工艺方式，改水泡粪工艺为机械刮板清粪、传送带清粪或清粪机器人等自动化清粪技术及装备，克服传统人工清粪工作效率低、劳动强度大、工作环境恶劣等问题，可实现畜禽养殖粪便的舍内高效清除和场内自动转运，为改善畜禽舍清洁状况、提高饲养管理效率和推动清洁养殖提供技术支撑。

畜禽产品的自动收集（如挤奶、集蛋等）是现代畜牧业的重要标志之一。机械自动收取不仅能降低劳动强度、节约劳动力成本，且可大幅提高生产效率。基于智能控制系统及配套装置设计研发的自动化挤奶机器人（图 3-2）、捡蛋机器人（图 3-3）、自动集蛋系统等畜禽产品自动或半自动收取系统现已广泛应用于国外规模养殖场，极大地提高了生产效率和产品质量。

图 3-2　挤奶机器人

图 3-3　捡蛋机器人

第五节　存在问题

我国畜禽养殖规模化程度不断提高，但畜禽养殖主体仍是中小规模的养殖企业，总体机械化水平不高，畜禽养殖的机械化率尚不到1/3，尤其是智能养殖技术与装备尚处于起步阶段。畜禽养殖环境调控、精准饲喂、清洁型自动清粪、畜禽健康识别与预警等信息化智能养殖技术方面与发达国家仍存在较大差距，并且成本较高，缺乏具有自主知识产权的智能化技术装备。畜禽养殖环境与设施装备技术对畜禽健康养殖产业支撑不足是影响畜牧业可持续发展问题的关键。因此，提升养殖智能装备技术与解决畜禽生物安全问题、环境污染问题、产品质量问题及饲料资源浪费问题密切相关。我国养殖环境控制及智能养殖设备技术的主要瓶颈有3个：

一、缺乏畜禽智能养殖创新团队，智能养殖装备技术落后

养殖发达国家正快速推进智能化养殖技术，形成了系列成套的养殖装备，并逐步开始应用智慧畜牧业技术提升畜禽健康、生产水平、生产效率和产品质量。而智能养殖在我国还处于探索阶段，缺乏相应的人才团队、技术和装备支撑，智能养殖主要依托于引进国外技术装备，投入成本高，并且引进的装备技术多为国外20世纪90年代应用的技术（目前这些技术模式已在发达国家淘汰）；同时，由于畜禽养殖的智能化控制软件因其源程序不开放，控制模型不能根据用户当地情况的变化而进行调整或自行改进，难以建立畜禽场自身有效的数据库。此外，我国各地的自然气候条件与技术引进国差异较大，不改造最终也都是难以直接适用。照此下去，预计到2025年，欧美发达国家的畜牧业就已经基本实现福利养殖技术的转型升级，而我国的畜禽养殖装备技术与发达国家的差距将被拉大到25年以上。

二、畜禽智能养殖标准化体系缺乏

目前，针对畜禽智能化养殖装备及产品研发的企业及相关产品增加迅速，但同类型的产品毫无规范可言，基本上处于相互模仿阶段，缺乏专业的行业指导。同时，畜禽养殖过程中缺乏智能环境调控、智能辨识、智能饲养的标准化体系，不能实现对采集的信息进行处理，并智能调控相应养殖装备，达到最佳环境、健康水平或者生产性能的目的。

三、畜牧环境调控与智能化养殖装备科技成果转化滞后

目前，国内畜禽智能化养殖装备技术的研究基本还停留在科研试验层面，在智能感知信息技术的数字化、精准化方面跟不上，智能养殖装备技术与针对不同区域、不同养殖模式、不同养殖规模的标准化圈舍设计、养殖工艺参数不配套，导致养殖工艺-设施设备-环境控制技术不匹配，科研成果转化与推广应用力度明显滞后。这就使得先进的养殖理念、养殖方式得不到很好的推广应用。

第六节　建　　议

一、大力加强畜禽智能养殖技术攻关

从畜牧业可持续发展角度看，当前畜牧养殖产业存在的生物安全、环保安全和食品安全问题都与畜禽养殖环境调控和装备技术支撑能力不足有关。在畜禽环境智能调控、健康状态智能辨识、饲养过程智能技术装备研发方面，加强本土化技术攻关，研发具有自主知识产权的智能化福利养殖技术与装备，降低生产成本，缩短与国外技术水平差距。

二、完善畜禽智能养殖标准化体系

畜禽养殖标准化一直是我国畜牧业发展的方向，也是加快畜

牧业生产方式转变、发展现代畜牧业的重要内容之一。应根据畜禽养殖环境控制需求，采用标准化生产管理及控制体系，监控管理畜禽生产过程中热环境、空气质量、光环境等养殖环境，以及动物生理和行为福利的智能监测，以确保动物健康和高效生产，推进人工智能技术与畜禽养殖高度融合。

三、加快促进畜牧环境调控与智能化养殖装备科技成果转化

从落实《国务院关于加快推进农业机械化和农机装备产业转型升级的指导意见》(国发〔2018〕42号）精神，到2025年畜牧养殖机械化率总体要达到50%左右。这就需要从现在起每年提升2～3个百分点，任务艰巨，支持应用开发类科研院所建设科技成果转化平台，提升共性技术的研究开发和服务能力；积极扶持高等院校、科研院所、企业联合攻关和科技成果转化，使畜禽智能养殖方面的新技术、新方法、新设备从理论走向实践，从实验研究走向试验示范，为应用于实际生产打下坚实基础。

第四章

猪的精准饲喂技术

第一节　简　　介

本章首先介绍猪的营养需要标准和环境需要标准，然后介绍如何采用先进的设备和先进的技术，为猪群提供精准的营养水平和舒适的环境条件（国外及国内产品），以实现养猪生产的高效。

随着养猪技术的不断发展，精准饲喂技术在养猪生产中得到了越来越广泛的应用。因为母猪群体的饲喂是关键，曾经被部分人称之为“核心群”，首先要保证母猪的营养健康，同时还要控制膘情。饲养过程中由于存在较大的个体差异，哺乳期、妊娠前期、妊娠后期、空怀期的母猪的需要都不同，虽然饲料也分阶段配制，分成了哺乳料、妊娠前期料、妊娠后期料、空怀期料，但数量的控制很难做到，全靠饲养人员的经验进行控制。为了更好地实现猪场的精准饲喂，首先要做好母猪的精准饲喂。

国外早期开始出现了母猪智能饲喂器（Smart Feeder），取得的效果相当不错，美国、德国、荷兰等养猪发达国家得到了飞速发展。但在国内发展较慢，主要是因为进口设备的价格问题，因为国内生产水平没有达到先进国家的标准，用了那么贵的设备，提高的效益不足以弥补投入的费用。在这种情况下，国产设备的研发开始发展，价格下来了，能被养殖场所接受了。但某些核心技术没有全部吃透，又出现了许多技术问题。因为是新鲜事物，没有广泛推广，产量上不来，所以许多国内生产厂家处于赔钱状态，无法进一步投入进行研发。处于恶性循环中，许多厂家发展一段时间后便开始沉寂，只有一些国内公司代理进口产品向大的养殖场进行推广。随着各种技术的不断发展，生产技术提高了，成本下降了，而人工成本的提高，使得人工智能饲喂产品随着自身的优势加大，又有发展空间了，所以又开始被养殖场所接受了。

猪场饲喂方式，主要经历了3个阶段（图4-1）：人工喂料阶段、机械化传送喂料阶段、智能精准喂料阶段。

传统的人工推车喂料

规模化饲养后的机械喂料

图4-1　猪场饲喂方式变化

首先要对猪群的营养需要和环境需要有全面的了解，才能采用先进设备和先进技术，实现精准饲喂。早期国内猪场常见的是以下3种智能饲喂器（图4-2～图4-4）。

饲养员操作一台计算机，通过光缆连接10台以内饲喂站，每站饲养配种后28～107d的50头妊娠母猪，要求群进群出，圈面积120m^{2}左右。

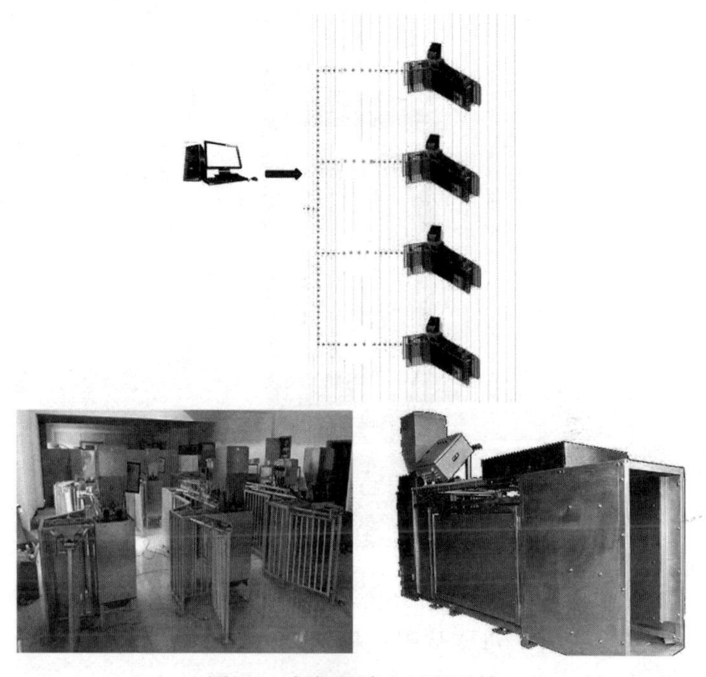

图 4-2　妊娠母猪电子饲喂站

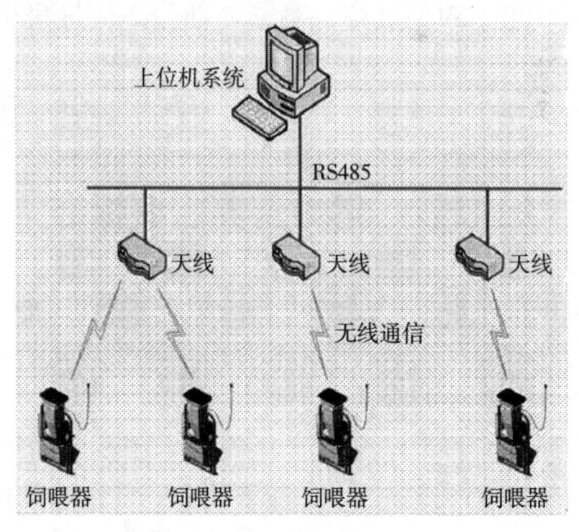

图 4-3　哺乳母猪智能饲喂器

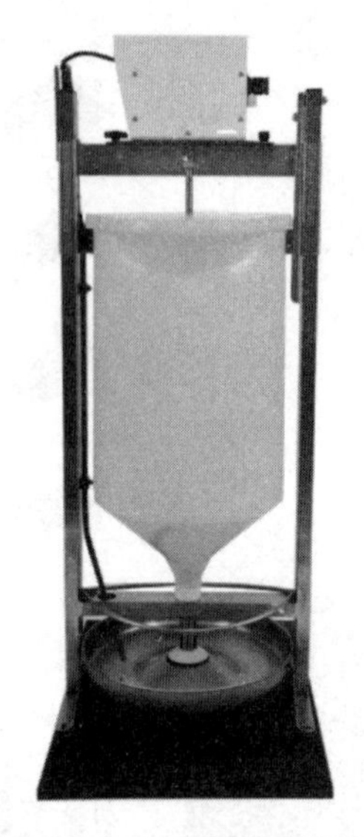

图 4-4　断奶仔猪智能饲喂器

1. 可以把妊娠母猪从限位栏解放出来运动更容易分娩，提升健康并可减抗。

2. 精确饲喂，根据胖瘦调整几次曲线，使母猪分娩时体况最佳、均匀。

3. 减轻了员工的体力劳动和对工人素质及态度的依赖。

第二节　猪的营养需要标准

对于动物营养需要的准确把握，是进行精准饲养的基本前提。各种先进设备及技术的使用和程序化模型的设计都要围绕猪群自身的营养需要来进行。

营养管理与饲养策略是现代化养猪生产技术的重要组成部分，是影响养猪生产经济效益的重要因素。良好的营养与饲养依赖于合理的日粮配制与科学的饲养方式，即在不同的生产阶段为猪只提供经济且营养平衡的日粮，并在不同的阶段采用相应的饲养策略，以确保营养物质的充分利用和发挥猪只的最佳生产性能，从而产生最大的生产效益。同时，生产者还应关注现有营养与饲养体系下，动物的产品质量与环保问题，用发展的眼光看待猪的营养与饲养，肯于接受新的营养观念和采纳新的饲养技术，以适应不断发展的现代养猪业。

一、营养管理

营养管理的核心内容是日粮配合，目标是使日粮在猪的任何生产阶段都能准确地满足营养需要，而不存在潜在的营养浪费。这要求生产者或从事饲料生产的技术人员要充分了解猪的生产性能和营养需要量的关系，掌握现代营养学知识和日粮配方技术，熟悉饲料原料特性和使用原则，积极采用新的日粮配合技术。

1. 营养体系

（1）理想蛋白质体系。过去猪的日粮配合是在粗蛋白质基础上进行的，粗蛋白质体系多用于以玉米和豆粕为主要组分的日粮，但当日粮中存在其他原料组分时，这一体系则不再适用。目前正为生产者所接受和采用的是氨基酸基础上的“理想蛋白质体系”，因为以氨基酸为基础进行日粮配合时，赖氨酸与其他氨基酸之间的比例可与猪肌肉组织中的比例相同，与猪的实际需要量十分吻合，从而更有利于日粮营养物质的利用。随着营养学家对不同时期的生长猪、不同阶段的妊娠母猪以及不同泌乳量的哺乳母猪理想氨基酸需要量的研究；结合对不同饲料原料中氨基酸生物学利用率的深入了解，人们已经充分确立并广泛接受了按理想蛋白质的概念来提供氨基酸的方法。此外，合成氨基酸的利用，也为理想蛋白质体系的应用提供了条件，使日粮配合更具可操作性。

（2）净能体系。营养学通常以消化能和代谢能来表示猪的能量需要量和饲料原料的能值。净能体系则是一种更好的能量体系，因为它表示出可从饲料中获得的实际能量，即表示可被动物利用和代谢的能量。比消化能和代谢能更好地反映了饲料，尤其是农副产品和高纤维含量原料的营养价值。虽然目前净能体系的应用，由于缺乏饲料原料净能含量方面的足够数据而受到局限，但营养研究者一直在进行饲料原料净能值的积累工作，相信在不久的将来净能体系会在生产中得到应用和普及。

2. 日粮类型

（1）模型日粮。现代养猪生产在形成猪的营养计划时，动物营养模型的利用将会增加，因为营养学家正在利用先进的分析和计算方法构建一种新的模型用以评估猪的营养需要量。使用营养模型配合日粮的优点在于营养需要量可以与动物的生物学因子结合起来，如猪的日龄、体重、性别、生长速度、妊娠、泌乳等。目前饲料厂家已开始使用专业的营养模型生产产品，希望能给动物提供更准确、更适合的日粮。

（2）产品质量型日粮。消费者对动物产品质量的关心将继续给现代养猪业施加更大的压力，以使生产者提供更多适合市场需要的产品。以往对胴体高瘦肉率的追求，使生产者在猪的品种和日粮上都付出了巨大努力；目前消费者又感到太瘦的猪肉会导致较差的嫩度、多汁性和适口性，希望猪肉既有较高的瘦肉率，又可维持良好的风味和口感。生产者将要面对这些新的挑战，给予品种、日粮、饲养体系更多的关注。如日粮中添加某些特异性成分，如脂肪酸（ω-3 脂肪酸）可以改善猪肉的品质；采用高能量低蛋白日粮和自由采食的饲养方式，可增加猪肉的肌内脂肪和嫩度。所有的措施都是为使产品能更好地满足消费者的要求，由此可见，能够影响和改善猪胴体组成和品质的日粮，将会更多地应用于养猪生产。

（3）生态型日粮。集约化、规模化养猪生产所面临的最大问题之一是粪尿、臭味带来的直接污染和过量有机物（氮）、矿物质（磷、铜等）以及抗生素残留带来的潜在污染和危险。因为在此之前，日粮配合并没有充分考虑营养物质相对过剩及大量使用抗生素所产生的后果。而目前，这些问题正在被更多的人所关注，营养学家和生产者也正在积极采取措施，探索绿色、环保型养殖的新方法，期望通过提高日粮营养物质的利用率，限制某些不利成分的添加和利用，来降低污染和残留。生态型日粮作为解决养猪生产污染和残留的重要手段，将被大力提倡和应用。

二、饲养策略

1. 种猪　现代化猪场的种猪群已经具有一定的生产水平，高产母猪年可提供仔猪 22～25 头。这虽然与遗传育种工作有着重要关系，但与营养、饲养管理上的进步也是分不开的。现在生产者已经认识到，种用猪群（包括后备母猪）的营养和管理，以及妊娠、泌乳期母猪的饲养，是获得优良繁殖性能的基本条件。

（1）后备母猪。后备母猪从断乳到配种这一阶段的饲养，对其成年后的受胎、妊娠和哺乳性能有重大影响，供给足量的优良蛋白质应受到特别重视，因为蛋白质是生产卵子的主要物质。所以，除精心挑选后备母猪外，在其生长全程要供给平衡日粮，促使后备母猪生殖系统正常发育，才可能最大限度发挥其产仔性能。后备母猪生长后期要注意限饲，避免体况过肥，因为过肥易造成产仔数少、难产等现象。后备母猪配种期间，应饲喂能量、蛋白质、矿物质和维生素等平衡的优质饲料，以促进排卵。配种之后，再调整日粮成分或降低其采食量。生产者通常的做法是配种前 7d 为限饲的后备母猪加料（体况较差的母猪可从配种前 21d 起加料），以增强猪的内分泌活动及生殖系统机能，进而增加排卵数和产仔数。

（2）妊娠母猪。母猪妊娠后，应继续饲喂优质平衡的全价日粮，为不使母猪过肥，一般都采用定量法饲喂。从妊娠开始至90d，每天给料量1.8～2.0kg，90d到产前，每天给料量2.30kg比较适合，但实际给料量还要视母猪的体况而定。为保证胎儿在母体内的正常发育和提高初生重，妊娠母猪饲料中应含有充足的蛋白质、维生素（如叶酸、胆碱等）、矿物质（特别是钙、磷等）。值得注意的是，母猪对矿物质、维生素的需要量和种类与生长发育猪不同，在母猪日粮内添加普通的复合维生素，不能最大效率地提高母猪的繁殖性能；妊娠母猪对粗纤维的消化能力较强，青粗饲料的用量可以适当提高，以保证母猪的较大胃容积，为哺乳期采食量的提高作准备；妊娠母猪有时会饲养过肥，其主要原因是妊娠前期给料量偏高或日粮中能量蛋白的比例不合理。

（3）哺乳母猪。哺乳母猪是一个猪场管理的核心，它的管理水平直接影响全场生产效益的高低。饲养策略首先要考虑其营养需要的特点，母猪除维持机体正常代谢和增长体组织外，还要泌乳哺乳仔猪，泌乳量和乳汁成分取决于日粮中营养成分的供给数量和质量，泌乳量和乳的质量又直接影响仔猪的生长和存活率，而且泌乳母猪的营养状况还可以直接影响其以后的再生产性能，所以为母猪提供充足的高质量日粮尤为重要。其次，提供哺乳母猪的日粮应根据母猪的膘情和体重、泌乳量和泌乳阶段、哺乳仔猪数以及断乳时可能的体重进行调整。初产母猪在哺乳期间，平均每天约需5.0kg饲料，经产母猪为5.5～6.0kg，给料范围3.6～6.8kg。如果母猪产仔数少于6头，应限制其采食量；产仔数多于6头时，应让其自由采食。一般讲，如果与整个泌乳期饲料供给量的日平均数作比较，那么泌乳初期的供给量应比平均数低30%，泌乳后期应高30%（Pettigrew and Tokach，1993）。现代母猪在集约化条件下满负荷生产时，泌乳期常常会减轻体重，体内储备有限的母猪还会过度减重，这将影响其自身生长和繁殖性能，使很多母猪在未完全成熟（1～2 产）和未被充分利用时就被淘汰了，造成母猪繁殖潜力的巨大浪费。

2. 仔猪　近年来，随着集约化养猪生产水平的提高，仔猪的断乳日龄不断提前。生产者所面临的问题是，如何使仔猪日粮和饲养策略与仔猪早期生长和断乳的一系列变化相适应。这要求仔猪的日粮设计必须与其消化生理特点相适应，减少不必要的生理和免疫压力，同时饲养方案还必须与仔猪的日龄、体重、健康状况、环境条件相结合，以保证仔猪从补料到断乳后的正常发育。为此，营养学家提出了高营养浓度日粮（high nutrient density diet，HNDD）的概念，即随后发展成仔猪三阶段饲养体系。这一体系的优点是能够消除仔猪早期断乳后的生长受阻，提高采食量，降低发病率和死亡率，以达到断乳仔猪的最大生产效益，并可较大范围地适应断乳日龄及全进全出的生产方式。仔猪三阶段饲养体系的组成为：第一阶段饲喂高营养浓度日粮（HNDD，1.5%赖氨酸，25%～32%乳产品，8%～15%的喷雾干燥血浆蛋白粉，颗粒料），一直到体重达 7kg 时；第二阶段（7～11kg），日粮中含有 1.25%赖氨酸，采用谷物-豆粕型日粮，其中含有一定量的乳清粉或其他高质量的蛋白饲料（如精鱼粉、浓缩大豆蛋白、喷雾干燥血粉）；第三阶段（11～23kg）采用含 1.10%赖氨酸的谷物-豆粕型日粮。仔猪三阶段饲养体系的应用，已成为仔猪从断乳前饲喂高脂肪、高乳糖的液体乳汁向断乳后由谷物和豆粕组成的低脂肪、低乳糖、高碳水化合物的干饲料转变的一种有效手段，被早期断乳和隔离断乳的猪场所普遍使用。

不稳定的摄食、腹泻和可消化性不良的固体饲料等因素，常是导致仔猪断乳后 1～2 周生长缓慢的重要原因。要使这些影响降至最低，就必须采取相应的营养计划和管理措施，而且从母猪生产的全过程抓起，如母猪妊娠期间饲喂计划合理，以保证仔猪的出生重量；哺乳期间供给母猪高质量的饲料，以保证供给仔猪足够的乳汁，使仔猪一出生就能良好发育；此外，要有很好的乳猪补料计划，让仔猪在哺乳期内就能采食一定量的饲料，使其断乳后仍能保持较好的生产速度。

综合而言，制定一个好的仔猪饲养策略，必须充分考虑以下因素：

（1）仔猪的断乳情况，如断乳的日龄、体重和发育状况等。

（2）营养体系，如日粮的组成和品质、日粮类型和饲喂方式等。

（3）管理水平，如管理方案和技术措施、人员技术水平和工作责任心等。

（4）设施与环境条件，如栏舍设备条件、环境温度、湿度、通风等。

（5）兽医防疫、防治技术与措施。

3. 生长猪　制定生长猪的饲喂策略，首先要了解哪些因素可能影响猪的生长发育。现代营养和饲养技术已充分认识到不同品种之间生长率、成熟体重和组织生长模式各不相同，但它们都直接受日粮组成和饲喂方式的影响，与环境及管理也有着一定关系。通常，经过遗传和品种改良的现代猪，蛋白质沉积能力很强，有的可高达 210～240g/d。高瘦肉沉积与低脂肪是相关的，不同肉脂率的生长猪对日粮养分组成和平衡的要求不同。现代养猪生产必须根据生长猪从断乳至屠宰间的生长速度及组织沉积模式，设计合理的日粮以满足每一种情况下的特定需要量。

虽然可以用析因法计算出猪对能量和赖氨酸的需要量，但赖氨酸对代谢能的比率随体重增加而下降，日粮必须不断调整才能适应变化的需要量。日粮越是精确地符合变化中的需要量，猪对饲料的利用率越有效。但生产实际中很难适应这种多变的日粮，通常采用的方法是进行折中。一种实用的方法是分阶段饲养：一种是高养分标准 A 日粮，另一种是低养分标准 B

日粮，分别满足20kg体重和100kg体重时的营养需要，当其体重在20～100kg范围内变化时，可对两种日粮的比率进行调整，40kg体重时日粮为75％A＋25％B，60kg体重时日粮为50％A＋50％B，80kg体重时日粮为25％A＋75％B，阶段的划分甚至可以更细；也可提供A、B两种日粮供猪自由采食，猪的确会在两种日粮间自由进食，但这时它们对氨基酸的进食标准要比需要量高20％。

影响猪肉品质的因素很多，包括品种、遗传、营养、环境、饲养方式和屠宰等。营养在肉质控制上起着重要作用，日粮的营养和成分不但可以影响猪的生产性能，而且还可以影响猪胴体的组成和品质。猪肉品质的营养调控技术已成为人们关心和研究的热点问题，目前生产上用于改善猪肉品质的营养措施主要包括：

（1）饲喂高能低蛋白日粮。日粮中的能量、蛋白质及脂肪水平均可影响猪肉的品质。有研究表明，采食高能低蛋白日粮的猪，其肌内脂肪显著高于采食常规日粮的猪。日粮的脂肪酸组成可影响胴体脂肪的成分和风味，肌内脂肪也受到同样影响，因此在日粮中添加特异性的脂肪酸可以改善肉的品质。自由采食而非限制饲养可产生较嫩、多汁的肉，同时在屠宰前3～5周采用高能低蛋白日粮，还可以进一步加强该效应。据研究，甲基吲哚和吲哚在猪肉的风味感觉中具有重要作用，它的产生与日粮中的纤维及其类型有着重要关系。例如，饲喂甜菜浆（其中含有大量可溶性纤维）可以降低猪肉中甲基吲哚的浓度，从而提高人们对猪肉的喜爱和接受程度。

（2）饲料中使用不饱和脂肪酸，以增加猪肉中不饱和脂肪酸的含量。现在多用的是亚麻酸，它是合成二十碳五烯酸（EPA）和二十二碳六烯酸（DHA）的原料，而这两种物质对人的保健具有重要作用。人的食物中亚麻酸含量偏低，在猪的日粮中添加1％～2％亚麻籽油，育肥猪饲喂8～10周后出栏，可使胴体脂肪中每千克脂肪酸的亚麻酸含量由 1.3mg 增加到 3.9mg。

（3）使用改善品质的饲料添加剂。①抗应激类，如有机铬、L-肉碱、色氨酸等。有机铬能提高生长激素的表达，提高猪的瘦肉沉积和饲料转化率，降低胴体脂肪，并具有减少应激的作用。对育肥猪补充 100～200μg/kg 的有机铬可使眼肌面积增加 18%，瘦肉率提高 7%。给生长猪补充 200μg/kg 的吡啶羧酸铬，可以降低 PSE 肉的发生率，增加肌内脂肪含量。还有研究发现，育肥猪出栏前 1 周日粮中添加 0.5%的色氨酸，也可减少 PSE 肉的发生率和严重性。②调节机体酸碱平衡类，如小苏打。它可提高猪肉的 pH，并有缓解应激的作用。研究表明，给氟烷阳性猪屠宰前连续 4d 使用 1.2%的碳酸氢钠和 0.7%氯化钠溶液进行饮水，可以改善肉的颜色和多汁性。③抗氧化类，如维生素 E、维生素 B_2 等。饲料中使用具有抗氧化作用的维生素 E，可以增强猪肉中氧合血红蛋白的稳定性，降低脂类过氧化反应，从而延长猪肉和理想肉色的保存时间。当饲料中分别添加 100IU/kg 和 200IU/kg 维生素 E 时，猪肉在 4℃的保鲜期分别延长 4d 和 7d。④多糖和寡糖，在日粮中添加非淀粉多糖和寡聚糖，能够被大肠微生物优先利用。其发酵产生的挥发性脂肪酸能降低大肠内的 pH，使微生物对蛋白质的发酵作用减弱，从而显著降低猪背膘中粪臭素的含量，提高肉的总可接受程度。

各阶段猪饲料建议营养需要标准（参考值）见表 4-1。微量营养成分指标（参考值）见表 4-2。不同阶段饲料所需的氨基酸比（参考值）见表 4-3。母猪饲料饲喂标准（参考值）见表 4-4。

表 4-1　各阶段猪饲料建议营养需要标准（参考值）

料名	乳猪料	仔猪料 1	仔猪料 2	中猪料 1	中猪料 2	大猪料	妊娠料	哺乳料	后备母猪料	种公猪料
使用期（体重，kg）	出生 7d 后至体重达 7kg	7～12	12～23	23～36	36～68	68～100			68～130	
粗蛋白质（%）（最低）	20～22	20～22	18～20	17	16	15	13.5	18.5	16	16
可消化能（kcal * /kg）	3 570	3 450～3 520	3 430～3 500	3 320～3 400	3 320～3 400	3 320～3 400	3 200～3 300	3 370～3 450	3 320～3 400	3 180～3 280
可代谢能（kcal/kg）	3 370	3 330	3 300	3 200	3 200	3 200	3 125	3 250	3 200	3 100
赖氨酸/可消化能比	0.430	0.410	0.380	0.320	0.290	0.250	0.160	0.320	0.210	0.220
赖氨酸（%）	1.55	1.44～1.45	1.33～1.36	1.09～1.12	0.99～1.00	0.84～0.85	0.54～0.55	1.10～1.12	0.71～0.72	0.72～0.75
粗脂肪（%）	4～6	3～6	3～6	3～6	3～6	3～6	3～6	4～8	4～8	4～8
粗纤维（%）	<3	<3	<3	<5	<5	<5	<7	<6	<7	4.0～6.0
钙（%）	0.90	0.85	0.85	0.85	0.66	0.62	0.9	0.9	0.75	0.85

（续）

料名	乳猪料	仔猪料 1	仔猪料 2	中猪料 1	中猪料 2	大猪料	妊娠料	哺乳料	后备母猪料	种公猪料
有效磷（%）	0.52	0.40	0.40	0.38	0.31	0.28	0.42	0.45	0.35	0.40
盐（%）	0.45	0.45	0.40	0.40	0.40	0.36	0.45	0.50	0.40	0.50
钠（%）	0.45	0.45	0.40							
氯（%）	0.40	0.36	0.36							
豆粕（%）	18	28	28～32							
每日增重（ADG）（g）	160～200	320～370	500～580	660	802～865	828～920				
饲料转化率	1.18	1.33	1.60	1.9～2.2	2.1～2.5	2.9～3.1				
摄食量（kg/d）	0.22～0.24	0.40～0.49	0.85～0.92	1.46	2.00	2.60	2.40～2.80	4.8～5.8	2.40	2.50～3.30

* cal 为非法定计量单位。1cal=4.184 0J。

表 4-2　微量营养成分指标（参考值）

微量营养成分	保育阶段	生长阶段	肥育	妊娠、泌乳、后备猪	种公猪
	5～27kg	27～68kg	68～100kg		
维生素 A（IU/kg）	10 000	7 770	5 780	10 000	11 000
维生素 D（IU/kg）	1 770	1 500	1 330	1 770	1 770
维生素 E（IU/kg）	77.8	33.3	22.2	66.7	110.0
维生素 K（mg/kg）	4.44	3.33	2.22	4.44	4.44
维生素 B_1（mg/kg）	3.33	2.44	1.55	2.22	2.22
维生素 B_2（mg/kg）	10.00	5.77	4.50	10.00	10.00
维生素 B_3（mg/kg）	33.33	20.00	14.44	33.33	33.33
维生素 B_6（mg/kg）	4.44	2.44	1.55	3.33	3.33
维生素 B_{12}（mg/kg）	44.44	26.70	22.22	37.80	37.80
尼克酸（mg/kg）	44.50	26.70	22.00	44.50	44.50
泛酸（mg/kg）	35.24	20.00	14.50	33.00	33.00
生物素（mg/kg）	277.80	277.80	200.00	222.20	560.00
叶酸（mg/kg）	777.80	755.60	455.60	1 330.00	1 667.00
胆碱（mg/kg）	333.00	111.00	0.00	660.00	660.00
抗坏血酸（维生素 C）（mg/kg）	0.00	0.00	0.00	0.00	880.00
铁（μg/g）	100.00	80.00	65.00	100.00	100.00
铜（μg/g）	15.00	12.00	10.00	15.00	15.00
锰（μg/g）	35.00	20.00	16.00	35.00	35.00
锌（μg/g）	125.00	100.00	70.00	125.00	125.00
碘（μg/g）	0.55	0.40	0.35	0.35	0.65
硒（μg/g）	0.30	0.30	0.30	0.30	0.30

表 4-3　不同阶段饲料所需的氨基酸比（参考值）

单位：mg/kg

氨基酸	妊　娠		哺乳	种公猪	生长肥育		
	第一胎	经产母猪			3～23kg	23～68kg	68～120kg
赖氨酸	100	100	100	100	100	100	100
蛋氨酸	28	28	26	27	27	27	27
蛋氨酸＋胱氨酸	66	70	49	70	57	59	60
苏氨酸	74	80	62	83	62	65	65
色氨酸	20	20	19	20	18	18	19
缬氨酸	68	68	86	67	68	68	68
异亮氨酸	58	59	56	58	55	56	56

表 4-4　母猪饲料饲喂标准（参考值）

母猪饲养阶段	饲喂量（kg/d）	饲料类型
妊娠阶段：配种后 5d	根据不同情况饲喂	妊娠料
第一胎母猪	1.80	妊娠料
经产母猪	2.25	妊娠料
体况差的母猪	2.90	妊娠料
妊娠：5～90d	根据体况饲喂	妊娠料
妊娠：90～113d	2.70～2.95	妊娠料
产前：2～4d	1.80～2.00	哺乳料
哺乳：1～2d	轻度限食	哺乳料
哺乳：3d 至断奶	自由采食	哺乳料
断奶至配种	自由采食	妊娠料

第三节　猪的环境需要标准

准确把握各阶段猪群对环境的需要，是精准提供猪群舒适环境条件的基本前提。各种先进设备及技术的使用和程序化模型的设计还要围绕猪群自身对环境的需要来进行。

环境条件是关系到养猪场生物安全的四大要素之一。直接关系到猪场的生物安全、生产水平、经济效益以至猪场的发展生存，也影响猪群遗传性能的发挥、饲料消化作用和猪群的健康。所以，猪场环境的控制在养猪业中具有十分重要的意义。猪场环境的概念包括广义和狭义两方面：

广义概念：即生态环境，它泛指自然界影响猪生长、发育和繁殖的一切外部因素。有大小环境之称，大环境包括环境气温、空气质量、自然光照长短、自然水源质量，地表水、地下水源储量与质量，饲料原料初级生产力状况等；小环境针对猪舍内部而言，如空间大小，舍内温度、光照、空气质量、饮水数量与质量，畜群机体状况，免疫水平、饲养管理和技术人员敬业精神、生产技能，场内环境卫生、养殖场废弃物无害化处理能力，生物安全制度执行情况等。

狭义概念：泛指猪场所在地的区域环境、机械噪声、植被（绿化）状况、道路交通、能源、猪场生物安全（包括物理、化学、生物）的控制条件（主要指病原微生物的阻断和预防的相关设施）。

就猪场而言，猪场环境控制是指对整个猪场区域的小环境，主要针对温度、湿度、空气质量、卫生条件和对生物安全造成影响的因素进行人为控制。

环境控制得好坏直接影响猪场生物安全与否。猪场环境控制的结果主要表现在两方面：一方面，环境控制良好，给猪的生长、发育和繁殖创造出舒适条件，提高猪场的生物安全系数，猪场的生产效益得到进一步提高；另一方面，就是猪场生物安全受到严重影响，部分疫病得不到彻底控制，猪只生长发育受阻，经济效益低下，甚至给养猪业带来巨大损失，后果不堪设想。

一、温度控制

温度控制的前提是在充分了解猪的生物学特性的基础上，制定科学合理的控制措施。温度控制必须满足两个条件：一是尽量达到或尽可能接近猪只不同生长阶段对温度的需求，二是温度的基本恒定。

1. 猪在各生长阶段对温度的要求 猪只从出生到出栏对温度的要求是不一样的。表4-5是按猪仔各生长阶段（周龄）确定的不同“周龄”生长猪对温度的需求。

表4-5 不同“周龄”生长猪对温度的需求

猪类型或重量（kg）	大致气温（℃）	有效温度（℃）	温度变化（℃）
公猪	18～21	16±2.4	±3.3
分娩母猪	16～24	21±2.0	±2.8
新生仔猪	32～40	35±1.0	±1.1
4周龄猪	27～38	27±1.0	±2.8
7～11日龄	27～35	26±2.0	±2.8
11～22日龄	25～32	23±2.0	±2.8
22～45日龄	23～29	20±2.0	±5.6
45～60日龄	20～27	18±2.0	±5.6
60～90日龄	19～24	17±2.0	±5.6
90～110日龄	18～21	16±3.5	±8.3
空怀及怀孕猪	18～21	16±2.0	±8.3

即从初生的35℃开始，以后每一周降低1～2℃，直至(16±3.5)℃。温度达到环境温度要求时，猪可能仍感不适。还需要根据猪体重来考虑温度设置，体重大的，对温度的要求要低一些。

2. 温度对各阶段生长猪的影响

（1）环境温度偏低，猪只缩脚躺卧，颤抖，拥挤成堆，脱肛和疝气增多，腹泻，料槽边活动增加，采食量上升，饲料转化率下降，被毛长乱，同群（栏）猪体重差异加大等。严重的还可以导致皮肤病、外寄生虫病的发病与传播。

（2）环境温度高时，猪只减少活动，分散侧卧，喘气（每分钟超过 50 次）、饮水增加，抢夺水源，采食量下降，生长缓慢，舍内闷热，氨气味重，出现中暑、氨中毒，相互“咬尾”现象增多等，公猪精液质量和数量下降。严重的可以导致发热性疾病暴发。

（3）猪体感受温度。温度的控制受猪舍条件、设备、季节、气候变化及其他因素影响，有较大的变化，如冬天时的木板床与水泥地面，夏天时的铁板与木床，机体对温度感受是不一样的。

3. 环境温度调控的方法 环境温度调控严格地讲，是一个系统工程，从猪舍的设计、设备的采购即应开始考虑，猪舍温度变化与猪舍的建筑结构、建筑材料和猪舍设备材料的选用密切相关。当智能控温猪舍推出后，便有了一套完整的猪舍小环境温度控制方法。热天使用风扇喷雾装置、空气交换器、滴水装置、水帘；冬天使用电灯、电暖器、火炉、暖风机（炉）、安装保温材料等。近年来，由于猪场标准化建设的推广，大多采用在水泥地面上养猪，因此冬季的保温措施显得尤为重要。

4. 猪场环境温度的控制方法

（1）科学设置猪舍通风系数。猪舍通风系数是恒定的，要根据风向、风力大小以及一年四季的气温变化与风力、风向变化的关系确定，不能只从夏天为降温而通风量增加、冬天为保持温度而通风量减少来单纯考虑，应结合空气的质量、猪只的类型（或生长发育阶段）、局地环境气温变化特点等因素综合考虑。通风的不足和过量都将引起猪只的应激和资源的浪费，猪舍的通风最好采用负压方式，冬季还要防止贼风侵袭。猪舍通风参数见表 4-6。

表 4-6 猪舍通风参数

区分	体重 (kg)	每头换气量 (m³/h)			气流速度 (m/s)			贼风限量 (m/s)
		冷天	温暖天气	热天	冷天	温暖天气	热天	
保育前期	5.5～14	3	17	42	0.2	0.2～0.4	0.4～0.6	0.15
保育后期	14～34	5	26	60	0.2	0.2～0.6	0.6～1.0	0.16
肥育前期	34～68	12	41	127	0.2	0.2～0.6	0.6～1.0	0.17
肥育后期	68～100	17	60	204	0.2	0.2～0.8	0.8～1.2	0.18
怀孕母猪	150	20	68	255	0.3	0.3～0.6	1.2～1.4	0.25
哺乳母猪	180	34	136	850	0.15	0.15～0.4	0.4	0.15 (乳猪 0.025)
公猪	180	24	85	510	0.3	0.3～0.6	1.2～1.4	0.25

值得注意的是，要保证猪舍的正常换气和风扇效率的正常发挥，必须注意降温设备的维护，要保证百叶窗、扇叶、电机轴承、皮带的完好和松紧适度，保持百叶窗和扇叶的洁净；否则，就不会达到预期的效果。一般来讲，猪场每周应该将风扇彻底清洁一次，每年在夏季到来之前定时地进行一次保养。

（2）电扇吹风降温，其作用主要是加速猪体周围空气的对流而达到降温的目的。使用时应注意不要直接吹猪体，特别是幼龄猪，以免猪只不适。

（3）滴水降温。滴水降温适用于低温地区，滴水量为 3～4 滴/s（或 0.8～1L/h）。滴水降温不适宜高温高湿地区，有增加栏舍湿度的负面影响。

（4）喷雾降温。多用于生长育成猪舍。按每 15min 开 2min、停 13min；喷雾量以喷湿的地面在 13min 内刚好蒸干为好，喷雾降温不适宜高温高湿地区。不但增加自控装置所需成本，而且有增加栏舍湿度的负面影响。

（5）水帘降温。精准控制技术可以通过传感器感知温度，然后通过远程或计算机程序控制水帘的启动与关闭。较滴水降温和喷雾降温而言，水帘降温能较好地控制猪舍湿度，且降温效果好。水帘降温的效果与猪舍的密封性、水帘面积、水泵流量、风扇排气量等密切相关。在使用时要求除保证水帘进风外，其他进风要堵死。水帘淋水量以手掌紧贴水帘，大拇指向下，5～10s有水顺大拇指下流为宜。水帘面积则需通过计算确定。

（6）猪舍升温。传统的方法有在保证空气质量的前提下减少通风量及使用红外线灯、电热垫板、火炉、暖风炉等。现代的方法是通过电能或利用燃气能源的热能炉自动加温。

在减少通风量的情况下，主要应注意防止贼风侵袭，保证达到前述所列的冷天换气量标准，从而保证栏舍空气质量。

使用红外线灯和电热板给哺乳仔猪保温时，应注意在仔猪出生前半天即应开启，功率以保证仔猪保温区温度在29～35℃为宜。

火炉的大小、暖风炉的功率选择应以尽量保证母猪和保育仔猪在最低外界环境温度下要求的猪舍环境温度为原则。

采用煤气燃烧升温时，要经常注意清洁和调校，以避免猪舍一氧化碳的过量。使用外温装置时，应安装自动测温和报警系统，以保证猪舍温度的基本恒定。

另外，仔猪冬天应使用干燥而消毒好的麻袋及木板垫睡，以尽量减少体温的损失。

二、空气质量的控制

1. 猪舍空气质量标准　见表4-7。

表4-7　猪舍空气质量标准

项目	限度	
相对湿度	适宜50%～80%	最佳60%～70%
氨气	≤25μL/L	最佳<10μL/L
一氧化碳	≤50μL/L	最佳<5μL/L
硫化氢	≤10μL/L	最佳0μL/L
尘埃	4mg/m³	最佳<2mg/m³

2. 改善空气质量的方法

（1）氨气、硫化氢过量的处理。增加清除猪粪的次数。彻底清扫猪栏。增加通风率。“排粪沟”水深3～4cm，同时可应用自动清理猪舍粪便的设备。

（2）一氧化碳过量的处理。清洁并调整加热器（如使用煤气加热）。使用先进的排气装置，并保证排气装置良好运行，增加通风率。

（3）湿度的调控。湿度太高时增加通风率，保持供水系统完好、无渗漏，减少栏舍的冲洗和控制滴水、喷雾装置的使用；湿度太低时减少通风率。

（4）灰尘的控制。改进饲料加工调制方法和饲喂方式，防止饲料粉尘的散发。增加空气温度，降低通风率。经常保持栏舍及设备的清洁。饲料中增加1%～2%的脂肪。

因为很多猪场建有室内沼气池，在考虑空气质量时，一定要经常注意检查和防止沼气池的渗漏问题。

（5）空气质量不佳的初步判定。地面、墙壁潮湿，空气刺鼻、刺眼，猪只打喷嚏、咳嗽、泪斑、嗜睡。

通过传感器探头感知各项空气质量的指标，然后进行精准控制。

三、饮水的控制

1. 水质 猪的水质要求见表4-8。

表4-8 猪的水质要求

项目	范围	临界值
砷	—	0.2mg/L
硼	0～1mg/L	1.5mg/L
镉	—	0.5mg/L
钙	0～150mg/L	250mg/L

（续）

项目	范围	临界值
氯	0～250mg/L	300mg/L
铬	—	1mg/L
氟	0～0.03mg/L	4mg/L
铁	0～1mg/L	5mg/L
铅	—	0.1mg/L
镁	0～90mg/L	125mg/L
锰	0～0.1mg/L	—
汞	—	0.01mg/L
镍	—	1mg/L
硝酸盐	0～45mg/L	200mg/L
亚硝酸盐	0～10mg/L	44mg/L
硫	0～67mg/L	250mg/L
锌	0～25mg/L	25mg/L
硒	—	0.1mg/L
硫酸盐	0～200mg/L	750mg/L
钠	0～100mg/L	300mg/L
pH	6.8～7.5	＜6 或＞8
可溶物	0～1 000mg/L	2 000mg/L
硬度	0～300mg/L	400mg/L
大肠杆菌数	0 个/100mL	1 个/100mL
藻类	—	生长缓慢，毒藻还会致死

2. 水量　日供水量见表 4-9。

表 4-9　日供水量

单位：L/d

类型或体重	冷天	温暖天气
断奶至 11kg	2	8
11～22kg	4	11

（续）

类型或体重	冷天	温暖天气
22～56kg	8	16
56～110kg	10	20
种猪	15	30
哺乳母猪	20	40

3. 饮水器的水压 建议范围为 103～172kPa，最大限度 276kPa。特别保育舍水压不宜过大。怀孕母猪区，当供料、供水合用一个槽时，应每天清洗猪槽；除喂料时间外，保持水槽内经常有清洁的水存放。每天检查所有的饮水器，保证正常供水。空栏时，饮水器应彻底清洗消毒。空栏装猪前，应人工放掉饮水器内的沉淀物和掺杂铁锈的水。大栏安装多个饮水器时，饮水器水平间距最好在 60cm。

四、噪声的控制

噪声的控制，指尽量减少人为的机械噪声的产生。所有猪舍都应保持安静，避免猪只受到惊吓或引起不适。在实际工作中应注意的是，防止猪舍门的突然重力开、关；不能在猪舍内突然快速跑动；采用低噪声的电扇和排风扇；猪舍进行设备维护，尽量避免因维护和维修产生强刺耳的机械噪声；饲料车、运猪车在生产区禁止鸣笛。

五、光照的调整

根据猪昼夜活动的规律，猪对光照有很强的适应性，即使完全黑暗也不会影响基本生产性能。研究发现，光照与猪群 3 项生产指标（繁殖、生长、体成熟）密切相关。夏天逐渐缩小的日照能激发公、母猪的繁殖机能。日照周期的增长会通过增加哺乳而提高哺乳仔猪的生长速度。也有试验表明，育肥猪在 77lx 的光照条件下比在 48lx 的光照条件下达到上市体重（体成熟）的上市率要高。

另外，母猪分娩时采用 24h 的光照方便于母猪观察和接产工作，同时因减少仔猪的被压而提高了仔猪的断奶窝仔数。不同猪光照参数见表 4-10。

表 4-10　不同猪光照参数

类群	公猪	母猪、仔猪及后备猪	肥猪
光照度（lx）	100～150	50～100	50
光照时间（h）	8～10	14～18	8～10

第四节　国外精准饲喂技术

国外关于精准饲喂技术的推广与研究要比国内早很多，知名的企业有德国 MANNEBECK（图 4-5）、荷兰 Nedap-Velos、美国 Osborne（图 4-6）、大荷兰人 CallMatic 2（图 4-7）。最终采用国内还是国外、采用哪家，要根据本场实际情况而定。

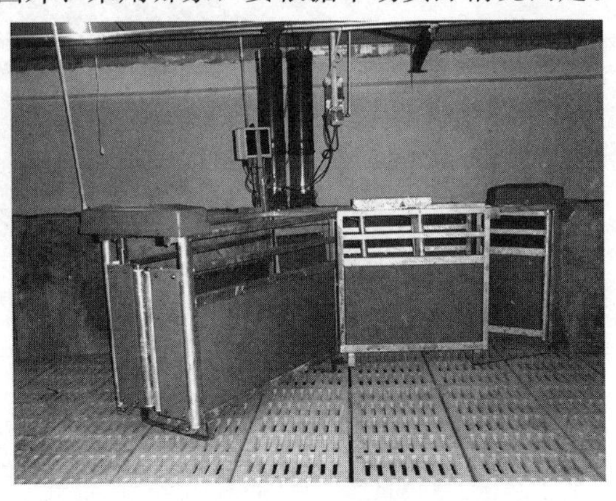

图 4-5　德国 MANNEBECK 设备

图 4-6　美国 Osborne 设备

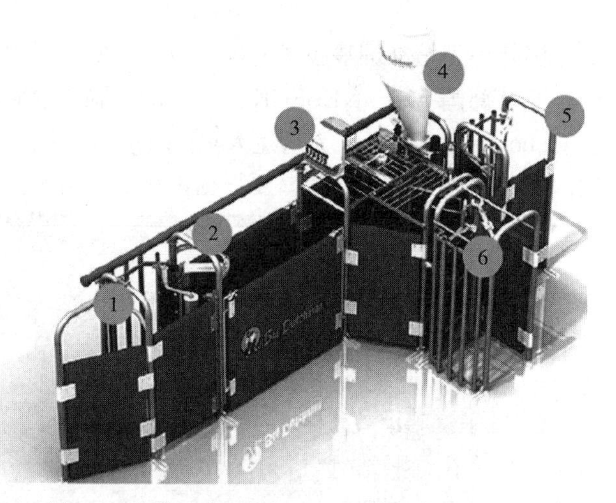

图 4-7　大荷兰人 CallMatic 2 设备

以下主要以荷兰 Nedap-Velos 为例进行介绍，根据成都泰丰畜牧新技术有限公司提供的适用于 1 200 头规模猪场使用的设计方案和使用说明，稍作改动，方便广大养猪业同行参考。

一、Nedap Velos 系统概要

Nedap 公司的总部在荷兰东部的 Groenlo，从研发到生产销售，所有活动都在这里进行。这为快速地获得全面的顾客回馈提供保证。在国际上，Nedap 有由销售部和代理商组成的网络，以下内容由其在中国的代理商成都泰丰畜牧新技术有限公司提供。

Nedap Velso 智能化母猪饲养管理系统通过控制管理妊娠母猪，为用户提供了最佳的畜牧管理的解决方案，可以用更少的饲料、更少的工作，生产更多的仔猪。

猪场管理要注意到与预期相违背的偏差，如母猪的采食量和发情出现的偏差等。从人工核查每头母猪到由 Nedap Velos 系统照顾查看指定的母猪，这种管理的改变，使具有基础员工数量的猪场得到更高的管理水平。

Nedap Velos 智能化母猪饲养管理系统，对于饲养 1 200 头基础母猪，采用静态组设计。设备投入：17 台自动单体精确饲喂器、4 台自动发情检测器及其相关组件，能够满足 1 200 头基础母猪规模的猪场正常使用。

1. 自动识别和记录 Nedap Velos 系统以电子识别为基础，使用有弹力的、防潮的、梯形电子耳标，不仅可以在 Velos 系统内识别母猪，还可以用手提式阅读器 V-scan 读取、输入、修改信息，在猪场识别和记录母猪的情况。

2. 电子饲喂 在曲线图表中建立母猪需要的饲料量，因而每头母猪可在饲喂站自动获得精确的饲料量和母猪所需要的饲料组成成分，电子饲喂保证了最高效的个体饲喂。

3. 为猪场选择最佳栏位系统 猪场的大小、猪场体系、新建的或修复的猪舍、是否使用干草，基于所有这些因素为特定猪场选择最好的体系。表 4-11 反映了稻草使用情况。

表 4-11 稻草使用情况

项　　目	动态型群体（处于不同妊娠阶段的母猪组成一个动态群，配种的母猪被添加到这个猪群。处于妊娠最后阶段的母猪，从这个群中移出到分娩舍）	稳定型群体（处于同一阶段的母猪在配种后组成一个固定的群体，直到妊娠后期该群体被转移到分娩舍）
铺有稻草（母猪躺卧区铺有稻草，其他地板为漏缝地板或水泥地面）	这个系统将简单的群养舍设计、稻草及机械化的运用很好地结合到了一起 由于群体大小不变，可以很好地利用饲喂设备	可将稻草的优点和稳定群体简单结合起来。考虑周全的栏舍建设可将降低额外的清粪工作
无铺稻草（躺卧区水泥地面，也可以是楼板供暖。其他地面为漏缝地板）	正确地划分躺卧区和活动区，有助于保持躺卧区的卫生。固定的群体大小保证了饲喂器的最佳利用	这是一个相当简单的群养方法。在这里不需要自动分离。合理的群体大小是良好地利用饲喂器的先决条件

4. 猪群大小　群养妊娠母猪的管理始于确定母猪属于哪种类型——稳定型和动态型。稳定型群体是经初始混合后，群体大小保持不变的群体。首选的组成时机是断奶的时候。此时，淘汰母猪被去除，新的替代母猪加入。这也取决于猪场大小，猪场能否操作稳定型群体。要利用 Nedap Velos 饲养稳定型群体，25～30 头母猪群体大小是经济可行的；50 头猪即可用一台饲喂器饲喂。

稳定型群体是母猪都处于妊娠的同一阶段，这意味着它们同时在妊娠末期达到高水平的饲料供给。当母猪日增重由妊娠开始的 2kg/d 到达妊娠末期的 3kg/d，则意味着饲喂器每天要多投 30%的饲料。在经营 Nedap Velso 智能化母猪饲管理系统的 30 年里，发现了最优化的投料量为一次 100g，每 30s 投一次。这就意味着群体中母猪有更多的休息时间。

动态型群体组成一个连续的系统，每周配种的母猪加入进来，产仔的母猪转移出去。要考虑的是什么时候加入和移走母猪，一次不要改变超过总群体大小的 10%。因此，动态型群体对于不足1 000头的猪场来说是适合的，这些猪场未能形成足够大的稳定型猪群。此外，后勤劳动在动态型群体是必需的。

5. 基础设计规则

（1）带水泥漏缝地板的静态组。

（2）每头母猪 $1m^2$ 的躺卧区。

（3）每头母猪所占平均面积 $2.5m^2$。

（4）通道很重要。

（5）高质量的漏缝地板。

（6）过道宽度至少为1.8m。

（7）环境控制设备。

6. 单体母猪的精确饲喂　为了保持母猪的体况和保证生产仔猪的健康生长，所以一般要单独饲喂母猪。

每头母猪的潜在仔猪生产数量每年都在增加。过去10年，每窝仔猪存活数正以1.0头的速度增长。预期下个5年会再增加0.15头仔猪/（母猪·年）。同时，死亡的损失正在增加。

因为仔猪总的存活数量增长，每头仔猪的出生重就相应地下降了。仔猪的出生重与存活期望直接相关。

7. 母猪体况　随着产仔数的增加，对母猪的体况就有更高的要求。身体状况对母猪的繁殖状况有重要影响，太肥或太瘦的身体状况都会引起不良影响（表4-12）。

表4-12　膘情对母猪受精力的影响

太　　肥	太　　瘦
——食欲和采食量降低 ——哺乳期采食量减少 ——下一个周期：促卵泡激素（FSH）和促黄体生成素（LH）减少	——采食量增加 ——消耗身体的储量合成葡萄糖 ——绒毛膜促性腺激素和促黄体生成素减少

注：促卵泡激素促进卵泡发育，促黄体生成素结束卵泡发育，促进孕酮产生。促卵泡激素对于刺激卵泡细胞产生雌性激素是非常重要的。促黄体生成素对卵泡细胞在下半个生理周期产生孕酮是非常重要的。FSH和LH形成某一比率时则表示卵巢排卵。

母猪的体况控制有几个方法来实行。在几个生长阶段中，背膘测量有较高的准确性，但较为耗时且需要有技术的员工。母猪体重可以被自动记录，或者用更少的员工来完成记录。然而，它没有给出体重中脂肪/蛋白的组成。当周期数与身体状态的综合情况与预定的饲养策略相关时，用身体状况评分是很容易执行的（图 4-8）。

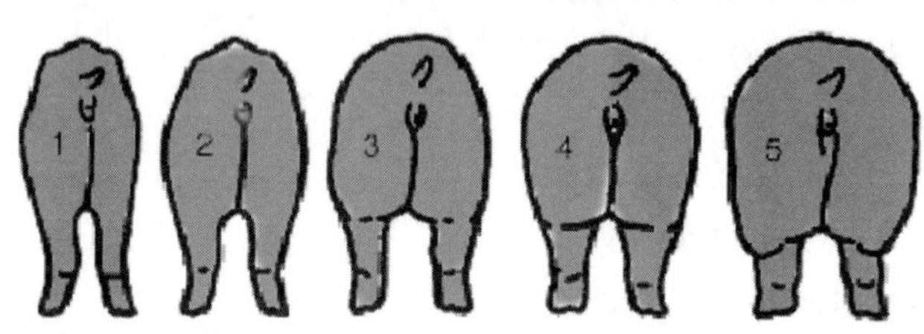

分值	体况	肋骨、背骨、坐骨检测
1	瘦弱的	非常明显
2	瘦的	通过按压容易检测到
3	理想的体况	用力按压感觉不到
4	肥	无
5	过肥	无

图 4-8　母猪的膘情分级

Williams、Muhs Wilson 和 Hill 研究了母猪体况对死亡率和繁殖的影响。研究表明，良好体况的母猪百分比与每年每头母猪提供的断奶仔猪数有一定的关系。该关系如图 4-9 所示：

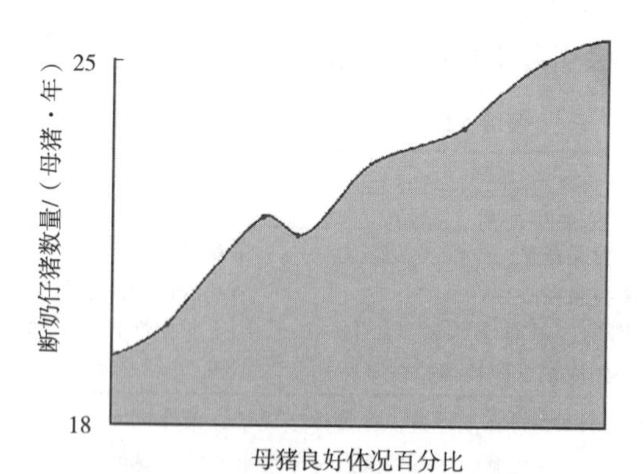

图 4-9　母猪良好体况百分比与每年每头母猪提供断奶仔猪数量关系

对拥有 1 250～5 000 只母猪的 7 个猪场进行研究，母猪按 1～5 的等级评分，3 分为优。结果见表 4-13。

表 4-13　母猪良好体况百分比与每年每头母猪提供断奶仔猪数量关系

猪场	母猪良好体况百分比（%）	母猪死亡率（%）	每年每头母猪提供断奶仔猪数量（只）
1	59.3	13.4	20.6
2	61.7	17.7	19.7
3	75.2	5.7	21.1
4	78.8	8.7	22.8
5	79.1	8.4	23.5
6	79.3	6.5	22.2
7	84.4	7.8	24.6

8. 母猪年龄　母猪对饲料的需要不仅仅依赖于生产和环境，更重要的因素是其年龄和生长阶段。直到第二个周期，母猪仍在向成熟发展，这时身体发育需要额外的蛋白质（图 4-10）。

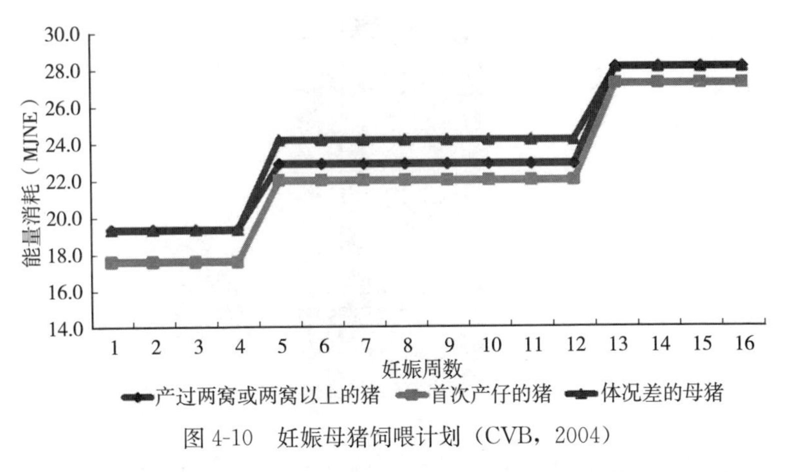

图 4-10　妊娠母猪饲喂计划（CVB，2004）

9. 母猪的大小　在一个群体里，最重母猪的体重是最轻母猪的 2 倍。母猪大小也视母猪的需要而定。当所有母猪依据平均水平饲喂时，体型大的不够吃，而体型小的吃不了，见图 4-11。单体饲喂时，确保母猪是按其需要量饲喂的。

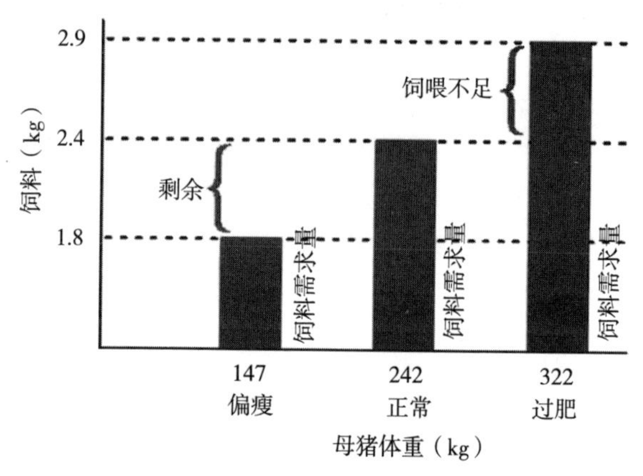

图 4-11　母猪体重与饲料饲喂量的关系

10. Velos 智能化母猪单体精确饲喂器及分离器各部件　分别见图 4-12、图 4-13。

图 4-12　Velos 智能化母猪单体精确饲喂器

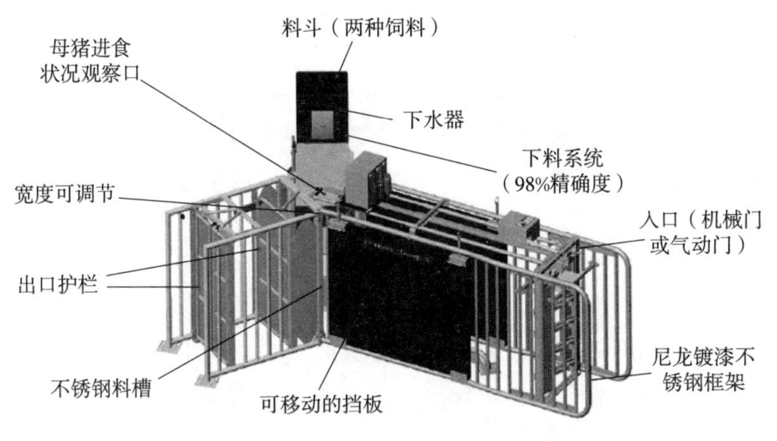

图 4-13 分离器各部件

11. 24h 自动发情检测 Nedap Velos 提供自动发情鉴定。母猪每次发情会自动被记录并自动喷墨标记。

在母猪发情时，Nedap Velos 会准确地发出警告。当母猪“访问”公猪时，Velos 识别并监视访问过程。系统自动记录母猪的访问过程，判断它是否发情。发情母猪会被自动标记、被分离到待处理区域；反之，没有发情的母猪，通过分离器的默认出口返回大群躺卧区。这种检测母猪是否发情是 24h 不间断的。

母猪在 Velos 发情检测器与试情公猪通过鼻-鼻接触。无线射频耳标是每头母猪唯一的识别号码。通过无线射频耳标测量访问公猪的次数和访问持续的时间，并反馈到计算机，产生发情值与一套精确的发情参考值（HRV）进行对比；发情参考值直接与母猪的发情强度成比例，参数随需要可调整。

发情母猪由喷雾标记在发情检测器前迅速标记母猪（图 4-14）。返回的发情母猪依然可以很容易地由工作人员从群体中挑选出，并重新集合配种。发情母猪在计算机里需要关注的列表中也有提示。

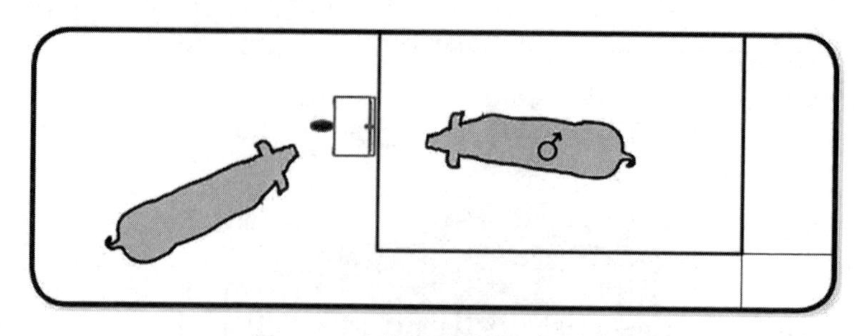

图 4-14　发情母猪喷雾标记示意

要得到好的繁殖效果，授精时机很重要。因此，这就需要准确地检测哪一头母猪正在发情。当一头母猪需要授精时，Nedap Velos 会按时发出警告。

12. 培训员工学习进行正确操作　Velos 系统与当前的群养系统不一样，建议为 Nedap Velos 系统的新用户提供训练程序。此训练程序由 Nedap 推向客户的长期训练服务发展而来，至少包括以下几条（表 4-14）：

表 4-14　VELOS 系统使用步骤

阶段	内容
准备	给母猪打上 RFID 电子耳标，使用 Velos 系统（用户界面） 使用 Velos 系统（硬件），制订饲喂曲线
开始	训练现有猪群首次使用 Velos
继续	使用计划好的饲喂曲线与实际标准结合（体况、生产和调整），引入后备母猪，维护基础技术服务

13. 新用户快速使用 Nedap Velos 系统　见表 4-15。

表 4-15　时间表

时间	内容
准备	计划，打上电子耳标，把与每头母猪相对应的电子耳标号输入计算机

（续）

时间	内容
0d	禁饲母猪
1d	训练母猪使用饲喂器采食
2d 和 3d	首批母猪开始学习，继续训练其他母猪
4d	让母猪自己熟悉系统
5d 和 5d 以后	大部分母猪可以使用系统，继续训练余下的母猪

二、案例介绍

1. 西班牙 1 000 头母猪场　西班牙东北部的一个大型种猪繁育场拥有现代化的管理设备，也是为了适应欧盟新福利法则。利用现有的建筑，该猪场由大群母猪的地面饲喂转变为在每个群体中用 Velos 系统的周群养制度。16 个圈、每个圈 50 头母猪确保在妊娠最后关键的 16 周的母猪，得到精确的单体饲喂管理。

这样猪场管理者可以每天获得准确的信息，每头母猪的饲喂量依据妊娠状况、周期、体况和生产自动调整。隔离区设立了 3 个训练站，以保证后备母猪的加入，不需要额外的劳动。

（1）房舍。用同样的地板，将房舍空间调整到最小。这个设计去除了 16 个小型圈养的母猪栏，加入躺卧区，适应群养舍的需要（图 4-15）。

图 4-15　猪场房舍

（2）训练。一个训练站设在隔离区，以保证加入新的后备母猪不需要额外的转群。

优势：低成本再建；精确、科学的单体饲喂和更好的母猪体况；饲料消耗总量减少，生产每头仔猪的饲料消耗减少；更少的劳动力和更好的管理；更短的产程，更高的仔猪存活率；可以把设备的使用与猪场未来发展相结合，达到更高的生产效益。

2. 荷兰 Maarten Rooijakkers 猪场　自 2000 年，荷兰 Laarbeek 的 Maarten 和 John Rooijakkers 经营了一家拥有 620 头母猪的种猪繁殖场。21hm^2 的农场土地用来生产青贮饲料，为妊娠母猪提供营养。

除了 4 500 头肉猪养在相距不远的两个地方，部分的断奶仔猪都卖掉了。此时，母猪场扩展到 750 头。这时，猪场工作由 Maarten、John 和一个雇员完成；转猪和猪舍的清洗耗费了他们大量的精力。所以，他们选择了 Velos 智能化母猪饲养管理系统。这样可以实现自动单体精确饲喂母猪，自动检测母猪是否发情，自动分离管理发情的母猪、要注射疫苗的母猪以及要被转到产仔舍的母猪。

而且，母猪场设有两间访客房间。这样，人们可以在任何时候不用预约就能参观农场。人们可以亲眼看到产仔母猪、断奶仔猪以及妊娠母猪是怎样用 Velos 智能化母猪饲养管理系统饲养的。同时，能提供农场信息，人们可以更清楚地观察。

所有母猪群养在具有动力系统的稻草舍，这意味着所有的母猪（450头）不分猪龄，从刚完成受精到妊娠最后一周，都群养在一个大的群养舍里。

群养舍都铺有稻草，让猪群入睡。两周添加一次，一年更换一次。群养舍也有躺卧区，每天都会用铲清洁，然后喷洒干净。该群养舍是自然通风的。要使大的母猪群养舍运行更好，则必须是自动化的。群养舍的布局也非常重要。基于这个原因，群养舍装有一个自动分隔管理器、9个Nedap Velos自动单体精确饲喂器。所有母猪都带有一个电子耳标，可被饲喂器识别，能提供每头母猪个体精确的饲料和识别并分离母猪。这种“分离”对于分离母猪到产仔区，或观察母猪妊娠或给予一定的治疗等，都是必要的。安装喷雾标记是为了母猪在个体接种疫苗时更显眼。提供发情检测系统，以检测发情母猪。

大型群养舍的优势是安静，因为一个大群体的母猪不会再争抢拱地顺序。群体越大越安静。在一定程度上母猪好比人，在小的团体中，社会控制力很高，外来者很快被发现并排除。在大的团体中，外来者很少引起注意。正因为这样，把新的动物加到群体里，不会引起骚动。将受精后的动物引入群体中，或等其妊娠22d后（以防流产）引入是非常重要的。

让新加入的小母猪了解此系统也非常重要。训练站的布局需有实用性，也应反映系统的秩序性。

考虑到群养舍是自动化的，铺垫稻草只是一个实用的布局，母猪在有自动单体精确饲喂站的动态型群体中，有没有稻草并不是非常重要的。

3. 我国湖南1 200头母猪场　2008年9月，成都泰丰畜牧新技术有限公司完成了Velos智能化母猪饲养管理系统在国内第一家猪场（湖南新湘农生态科技有限公司下属郴州莒蒲猪场）的安装，并通过了荷兰Nedap公司的安装验证。该猪场拥有1 200

头存栏母猪，采用静态组群养模式（图 4-16）。

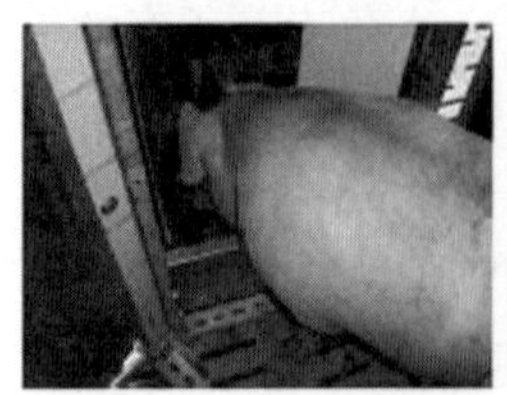
（a）母猪正在进食

（b）训练新猪

（c）母猪发情检测

（d）猪场全景

（e）自动发情检测器

图 4-16　我国湖南应用智能化母猪饲养管理系统

4. 我国四川 400 头母猪场　2008 年 10 月，成都泰丰畜牧新技术有限公司完成了 Velos 智能化母猪饲养管理系统在西南地区第一家猪场（泸州天泉牧业公司）的安装，并通过了荷兰 Nedap 公司的安装验证。该猪场拥有 400 头存栏母猪，采用动态组群养模式（图 4-17）。

图 4-17　我国四川应用智能化母猪饲养管理系统

第五节　国内精准饲喂技术

国内智能设备生产厂商很多（图 4-18～图 4-20），本节主要以大牧人智能电子饲喂站（图 4-21）为例进行介绍。

图 4-18　上海河顺-HHIS

图 4-19　润农设备

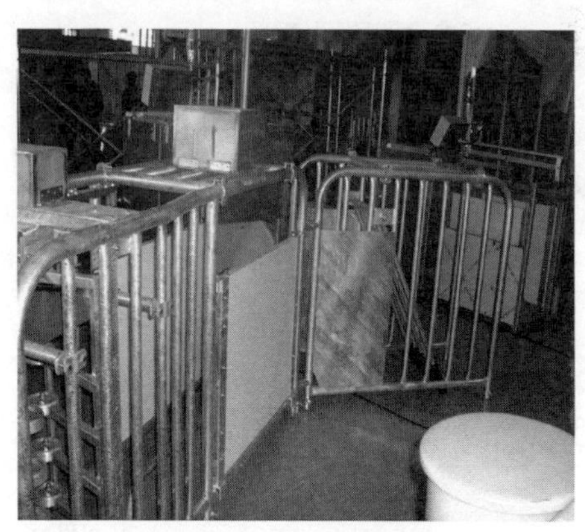

图 4-20　广东广兴设备

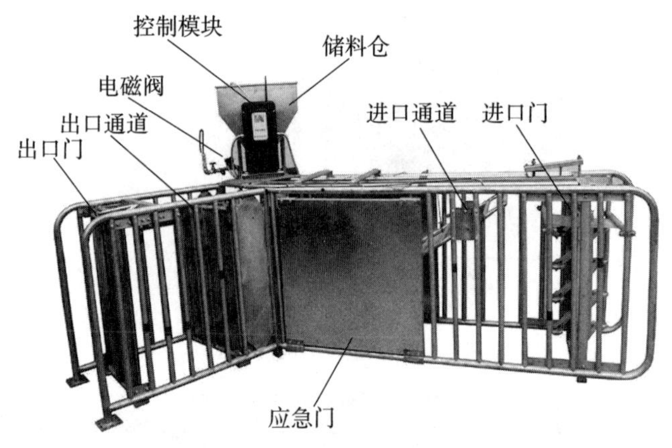

图 4-21 大牧人智能电子饲喂站

一、基本原理

1. 母猪需要在猪耳处安装 RFID 电子耳标（图 4-22）。耳标内存有号码，此号码与母猪一一对应。这样，可通过识别耳标来达到区分不同母猪的目的，实现一头猪一个身份证。母猪饲喂系统（ESF）见图 4-23。

（a）打耳标步骤

1. 张开弹簧钳

2. 插入电子耳标

3. 套上阳钉

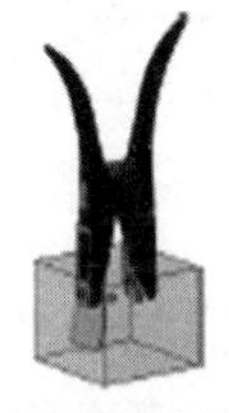

4. 将耳标浸泡在消毒液中
耳标的位置

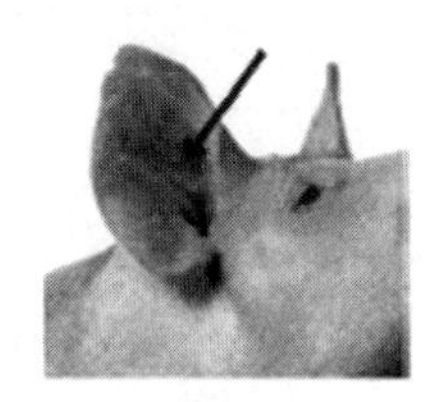

5. 安装电子耳标

（b）将电子耳标放置在母猪右耳中心部位

图 4-22　RFID 电子耳标

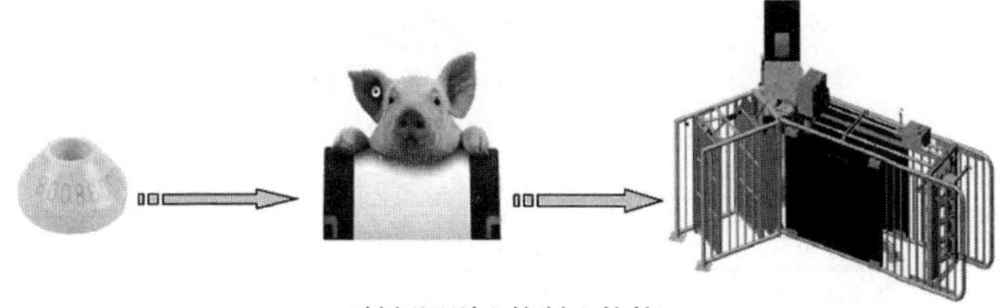

（射频识别＋控制＋软件）

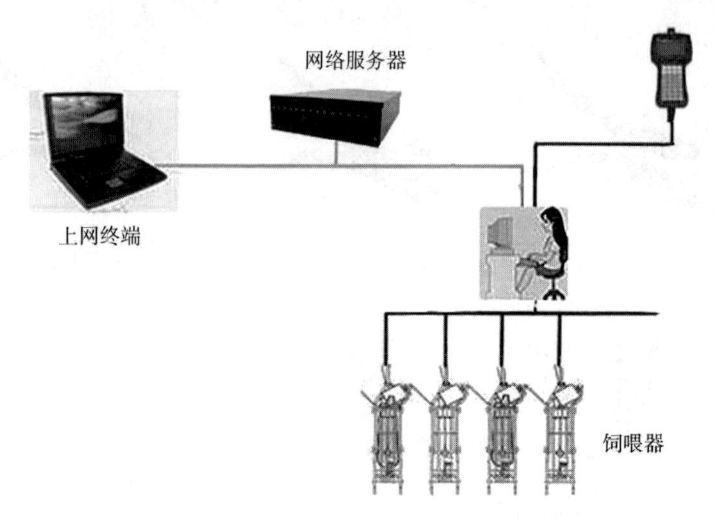

图 4-23　母猪饲喂系统（ESF）

（1）控制器，包括计算机或控制板、特种电机、显示屏等（表 4-16）。

（2）饲喂电气设备，包括电源系统、下料系统、射频读取系统、无线通信、进口门、喷水器等。

（3）控制器外设连接线，包括交流电源接口、读卡器接口、传感器接口、电磁阀接口等。

表 4-16　控制器说明

项　目	说　明
设备功率	AC24V 50Hz，100W
下料量	80～120g/次，下料 100g 误差±3g
射频识别	感应距离为 20～25cm，响应时间＜0.5ms
通信接口	无线通信（Wi-Fi）
显示信息	体重、怀孕日期、额定下料量等
工作环境	温度：－10～50℃，湿度：15％～80％ RH
材料	镀锌管、不锈钢

2. 在饲喂开始时，开启入口门。母猪进入饲喂站后，安装在走道侧壁上的光电传感器感应到母猪后，关闭入口门。

3. 在食槽处感应到母猪的电子耳标，获取母猪的饲喂信息和处理信息后，开始投料（50～100g/次），间断性地分多次投完1d的料。

4. 母猪进食后，通过双重退出门。这时饲喂过程就结束了。

5. 母猪经过退出门后，计算机控制系统可以根据母猪生产情况，经过分离门回到栏内或者被分离到其他区域（一般母猪的处理方式：针对出现异常的母猪，如临产、发情、生病、需要注射疫苗的母猪，可进行相应的处理，喷墨或者分离到其他区域）。

二、工作流程

1. 饲喂站通电，控制器液晶屏点亮，表示系统正常启动，母猪可以到饲喂站采食。控制器液晶屏上显示猪只编号、猪只体重、怀孕日期、进食量、日供量等信息。

2. 母猪进入主通道，进口门锁柱自动下落。进口门在拉簧的作用下会自动锁住，防止后面猪进入通道干扰前面猪采食，并造成系统采集耳标信息有误。

3. 当母猪头伸到饲喂器食槽采食时，射频读取设备（读卡器）获取母猪的身份信息，通过科学饲养公式计算出该头猪的下料量，并控制下料装置电机下料，从而达到智能化和精确饲喂的目的。当扫描到耳标信息后，主机会先下300g料，同时下水。当猪只吃完这300g之后，碰触到传感器，则会再下300g料，直到达到额定下料量为止。如果猪只不碰触传感器，则不再下料。

4. 母猪采食完毕，便从出口通道离开饲喂站。猪离开后，进口门自动打开。

5. 经过科学的分析，饲喂方式采用2次下料：第一次下料60%，第二次下完。这样的喂养方式更有助于母猪的健康，并提高设备利用率。

6. 每台饲喂站母猪的采食情况在计算机软件上都可以查询，如每头母猪吃料信息、未采食或者采食不足的猪只信息。

三、智能饲喂优点

1. 智能化饲喂做到单独、精确的饲喂，避免出现母猪膘肥差异过大的情况。

2. 可识别临产、发情、发病的母猪，便于管理。

3. 考虑动物福利，母猪解脱牢笼得到运动，提高母猪免疫力。

4. 减少母猪应激反应，延长设备使用年限。

5. 自动化控制饲喂，节省人力，降低工人劳动量，从而降低成本。

6. 科学化、信息化、数据化，更便于大规模管理。

第六节　环境精准控制技术

一、概述

物联网技术被认为是改变人类未来生活方式的新兴技术，在当前的社会生活中有着广泛的应用。具体到养猪生产当中，可实现对养猪场环境信息的实时在线监测与智能控制，在健康养殖过程中实现精准饲喂。

国内多家科技公司都具备基于物联网的猪舍环境监控系统，包括传感器、控制器、显示模块、电源模块、存储器、键盘模块、GPRS接收模块、智能终端设备等。可轻松在计算机、手机上，实现对猪舍环境的自动监测，实现对猪舍中氨气、温度、硫化氢、风速、风向数据的智能化、自动化控制，自动控制风机、空调、照明等设备。此系统提高了生产效率，能够产生很好的经济效益和社会效益。

智能化猪舍环境监控系统是将物联网智能化感知、传输和控制技术与养殖业结合起来，利用先进的网络传输技术，围绕规模化养猪生产和管理环节设计而成。系统通过智能传感器在线采集养殖场环境信息（二氧化碳、氨气、硫化氢、空气温湿度等），同时集成及改造现有的养殖场环境控制设备，实现精准养猪的智能生产与科学管理。

目前，在智能化猪舍环境监控系统中，中央处理器可将数据信号通过无线传输模块发送至手机，工作人员通过手机即可收到各种数据，实现了远程监测；同时，工作人员还能通过手机发出指令至中央处理器，通过中央处理器控制通风窗控制器和风机工作，相应地调节通风窗的开合角度及风机转速，实现了远程控制，操作简单方便，降低了劳动强度，减少了人工成本。

二、基本原理

1. 首先在猪舍安装感应器，用来感应猪舍内的环境指标，如温度感应器、湿度感应器、光照感应器、有害气体感应器（氨气、硫化氢、二氧化碳和一氧化碳）等，感应器与计算机相连（可采用无线或有线方式）。

2. 服务器管理程序，有的直接将程序安装到猪场自身的计算机上，有的则是把猪场的计算机与服务公司的云服务器相联，在云服务器上安装智能管理系统。

3. 猪舍环境控制器是一个环境控制设备，它能够控制风机、冷却系统（水帘或喷水降温设备）、灯光系统、变频器、风窗电机和报警输出设备。

4. 相配套的信息发送与传输设备 首先以智能控制猪舍温度为例（其他湿度、有害气体等控制方法同理），温度对猪生产性能影响最大，猪舍内安装的温度感应装置将感应到的猪舍温度传到服务器（猪场内的计算机或一些公司的云服务器），由计算机程序设定并控制发送给手机终端，如猪场场长、技术人员和一些其他的人员，实现远程监控。猪场场长还可以通过网络登录服务器，主动查看实时的猪舍温度。

根据猪的不同日龄设定最佳饲养温度，在计算机上的智能管理程序中设定相应的控制模型，按照猪群的温度需要，精确地控制猪舍环境温度。通过计算机来控制猪舍环境控制器，进而控制风机、风窗、水帘、水泵等设备的开启与关闭，以此来智能控制猪舍的温度。猪场的场长也可通过登录服务器自主控制相应设备的开启与关闭。

三、智能改造的案例

1. 项目地址　北京市通州区潞城小东各庄。

2. 猪舍结构图　见图 4-24。

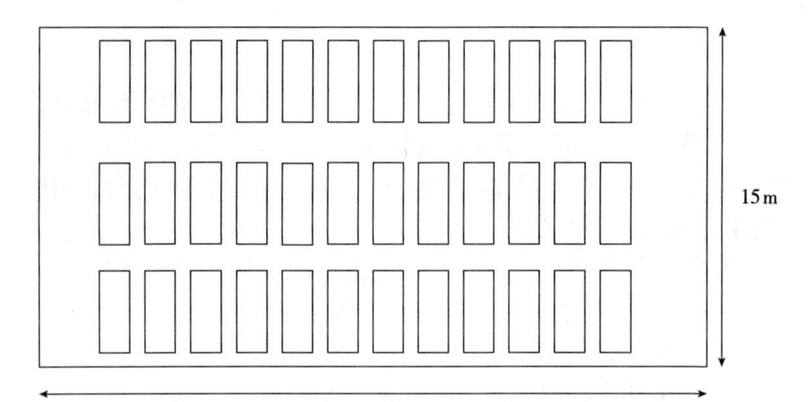

图 4-24　猪舍结构图

3. 项目要求

（1）实现对仔猪舍温度、湿度、氨气、二氧化碳等环境指标的实时监测。当室内温度低于 18℃或高于 27℃时，触摸屏界面显示红色报警提示，同时声光报警器响起；当湿度低于 60% RH 或高于 70% RH 时，触摸屏界面显示红色报警提示，同时声光报警器响起；当氨气浓度高于 22μL/L 时，触摸屏界面显示红色报警提示，同时声光报警器响起。

（2）实现根据仔猪舍温度指标变化对风机、水帘设备的分级智能调控。具体体现：根据养殖需要可设置温度指标 20℃、25℃、27℃，当温度高于 20℃时，第一组降温风机开启；当温度继续升高达到 25℃时，第二组降温风机开启；当温度继续升高到 27℃时，水帘同时开启；当温度下降到 27℃时，水帘关闭；当温度下降到 25℃时，第二组降温风机关闭；当温度下降到 20℃时，第一组降温风机关闭。当室内温度低于 18℃或高于 27℃时，触摸屏界面显示红色报警提示，同时声光报警器响起。

（3）实现舍内氨气指标对第一组降温风机的智能化调整。具体体现：当舍内氨气浓度超过 10μL/L 时，开启第一组降温风机，进行舍内通风换气，降低氨气浓度；当氨气浓度继续上升到 20μL/L 时，开启第二组降温风机，进行舍内通风换气，降低氨气浓度；当舍内氨气浓度降低时，舍内浓度低于 20μL/L 时，第二组降温风机关闭；当舍内氨气浓度继续降低，舍内浓度低于 10μL/L 时，第一组降温风机关闭。当室内氨气浓度高于 22μL/L 时，触摸屏界面显示红色报警提示，同时声光报警器响起（特别说明：当舍内温度及舍内氨气浓度对第一组降温风机调控出现矛盾时，优先执行舍内氨气浓度指标对风机的智能化调整程序）。

（4）实现根据仔猪舍温度变化对加热设备的智能调控。具体体现：实现冬季猪舍智能补温功能，根据养殖需要可设定温度指标 18℃、20℃、25℃，当温度低于 18℃时，暖气控制阀门 1、暖气控制阀门 2、暖气控制阀门 3 开启供暖加热；当温度继续上升高于 18℃时，暖气控制阀门 3 关闭；当温度继续上升高于 20℃时，暖气控制阀门 2 关闭。当温度继续上升高于指标 25℃时，暖气控制阀门 1 关闭；反向智能控制逻辑顺序相反。

（5）实现仔猪舍内保育箱单独温度对加热板及加热灯的智能调控。具体体现：实现单个保育箱小环境温度变化智能控制，根据养殖需要可设定温度指标 29℃、32℃，当温度低于 32℃时，加热板开启；当温度低于 29℃时，加热灯开启；当温度高于 29℃时，加热灯关闭。当保育箱温度低于 25℃或高于 35℃时，触摸屏界面显示红色报警提示，同时声光报警器响起（特别说明：由于考察的仔猪舍针对光源加热效果的调整是通过改变加热灯距离变化来实现保育箱小环境温度变化的，且保育箱小环境温度变化的天数是根据整个猪舍温度变化动态变化的，所以保育箱周期温度设置功能并不能实现）。配合加热灯功率智能化调整，可以提供根据设置日期及温度参数，保证保育周期保育箱小环境内温度在固定周期内的自动调整。具体表现如下：如小猪出生日期为 2016 年 5 月 30 日（这个日期根据养殖要求厂家可自由设置），把保育周期分为 5 个阶段，每个阶段加热板常开（加热板单独控制，根据舍内大环境温度手工设置开启），根据各阶段温度要求，自动调整加热灯功率。5 月 30 日至 6 月 1 日，根据温度传感器测试温度调整加热灯功率，使保育箱温度控制到 34.5℃；6 月 2～5 日，根据温度传感器测试温度调整加热灯功率，使保育箱温度控制到 31.5℃；6 月 6～12 日，根据温度传感器测试温度调整加热灯功率，使保育箱温度控制到 29.5℃；6 月 13～19 日，根据温度传感器测试温度调整加热灯功率，使保育箱温度控制到 27.5℃；6 月 20～23 日，根据温度传感器测试温度调整加热灯功率，使保育箱温度控制到 25.5℃。

（6）建议增加根据氨气指标智能控制通风换气风机的智能调控。舍内氨气浓度指标的调控优先于舍内温度指标智能调控，通风风机分为两组：第一组常开，第二组风机的智能调控由舍内氨气浓度指标控制，预设室内氨气指标。当舍内氨气浓度超过预设指标时，优先开启第二组通风风机（特别说明：由于本次改造猪舍通风换气风机数量较少，需要 24h 开启，才能满足舍内空气更换需求，所以本次不需要此功能）。

（7）具有超限报警及故障报警功能。具体体现：当舍内温度、氨气浓度、二氧化碳浓度、保育箱温度等超过最高设定值一定时间或相关变送器发生故障时，触摸屏界面可显示红色报警提示，同时声光报警器响起，便于及时提醒养殖技术人员检查设备，保证养殖安全。

（8）具有操作简单、便于使用的特点。具体体现：控制器养殖参数设置简单，数据观察明了，舍内所有环境参数及设备状态在 TFT 触摸屏实时显示；所有控制参数可在控制器设置页面自由设置，适用于不同养殖需要；且所有控制设备都具有手动、自动两种控制模式，这样即使自动控制程序出现问题，也可手动控制设备运转，保证养殖环境正常。

（9）具有人机交互界面便捷及观察简单。具体体现：所有环境控制参数可根据养殖需要自由设定，同时可实时显示舍内所有环境参数，便于养殖技术人员实时调整。养殖人员可通过触摸屏查看一段时期内环境数据，所有环境数据可自由导出到 U 盘中。导出数据可长期储存到计算机中，便于养殖过程分析。（特别说明：如果实现风机、湿帘、暖灯等设备实际响应的数据采集，需要单独开发专用智控嵌入采集程序，费用比较高；并且需要对现有风机、湿帘、暖灯等设备进行改造，已符合数据采集逻辑。另外，新系统运行的稳定性也需要长期调整。由于设备运行状态数据的采集量比较大，也会造成环境数据储存量变小，不利于环境数据的收集和养殖过程的分析。所以，不建议增加此功能）。

4. 项目实施方案　本项目实施方案完全满足上面项目要求中的功能。仔猪舍主要控制单元包括 2 组风机、1 组水帘、3 组加热、5 组保育箱加热板、5 组保育箱加热灯；监测单元主要是 1 组大舍温度、1 组氨气、1 组二氧化碳、5 组保育箱温度。风机及水帘根据不同温度要求智能调控，主要实现舍内温度适合养殖需要，保持环境恒定；加热主要在冬季根据舍内温度变化进行智能调控，保持舍内温度符合养殖需要；保育箱主要根据箱体内部小环境温度变化，智能化调控加热板及加热灯，保育箱单独的温度调控适宜仔猪养殖需要。根据以上特点具体方案如下：

（1）智能控制器方案。

①控制器选用北京实讯科技有限公司设计制造的 SX-ZK-Z01A 型智能环境控制器。该控制器可实时监控舍内温度、有害气体及保育箱温度，根据不同周龄仔猪对温度、有害气体等的需要及耐受性，在预先设定控制参数临界值的情况下，实现对风机、水帘、加热、保育箱等环境设备智能化控制，实现对舍内环境超标情况及设施运转故障情况的预警。

②该控制器带有 7 寸液晶显示器，可方便人工操作和调试，该控制器采用数字电路输出数字脉宽调制信号控制设备。集合高低压控制单元于一体，不需要单独配备高压控制柜。该控制器还有配有手自控制旋钮开关，可实现手动及自动分别控制设备。这样有效保证设备使用的连续性，不会因为控制器自动程序出现问题而造成养殖损失。

③控制器可根据养殖需要设定环境参数，环境调控设备可根据环境参数的变化而智能化调整，保持养殖环境恒定。

④该控制器分多路输出，每一路控制对应的相关设备，从而在运行中防止相互干扰，使设备运行更加稳定。特殊电路设计满足输入电压为 170～280V 时仍能正常工作，这种设计在农村电网应用中是必要的。

⑤该控制器配合北京实讯科技有限公司生产的高精度 SXQ-NH348 氨气专用变送器、SXQ-CO2485 高精度二氧化碳专用变送器、SX-WS4 温度专用变送器，可实时监测舍内温度、有害气体、保育箱温度等环境状态，相关监测数据可在系统内存储，且控制器具有数据导出 USB 接口，监测数据可导出转存计算机中，以便养殖场进行环境数据分析。

⑥控制器预留一组硬件接口，方便后续设备升级。

⑦该控制器具有防水防尘、断电报警等功能，可有效应对仔猪舍潮湿的恶劣环境。

⑧根据甲方提供项目状况，单栋需要 SX-ZK-Z01A 型一体化仔猪舍环境智能控制器 1 台、SXQ-NH3485 高精度氨气专用变送器 1 台、SXQ-CO2384 高精度二氧化碳专用变送器 1 台、SX-WS4 专用温度变送器 6 台。

（2）施工方案。见图 4-25。

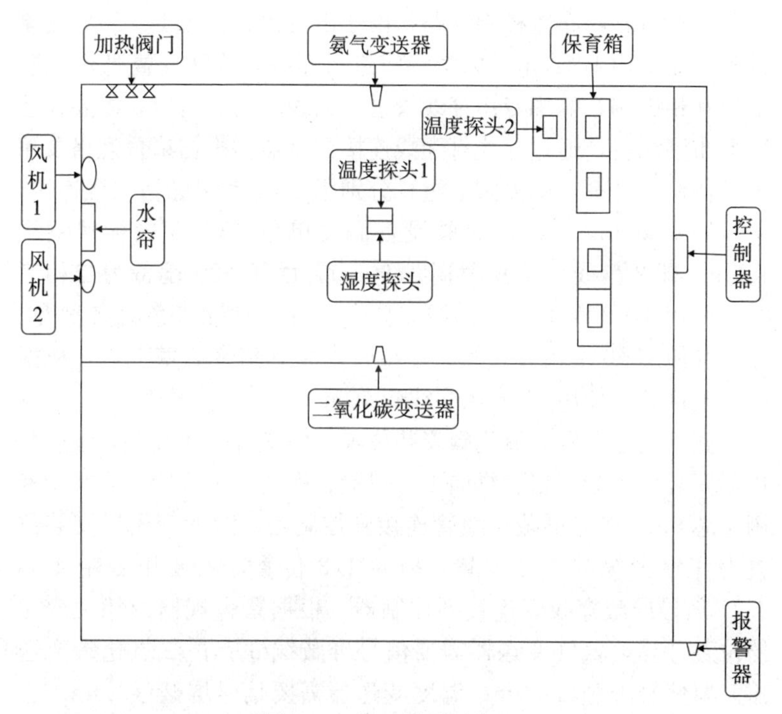

图 4-25　施工设计示意图

①设备控制部分施工。针对风机、水帘等设备布置控制线路，由于相关设备都是 380V 三相高压动力设备，需要用 BV4.0 国标塑铜线进行布线。为防止高低压电磁信号互相影响，需用专用穿线管进行电线隔离。所以，需要在墙壁上布穿线管，通过穿线管穿线连接动力设备及控制器。根据猪舍规格及相关设备位置计算，风机 2 组，水帘 1 组，分别用 BV4.0 国标塑铜线连接，

单线距离 50m，2 组风机及水帘，3 组设备需要单色 BV4.0 国标塑铜线 150m，即 2 盘线（每盘塑铜线 90m），由于高压设备为三相四线，所以 BV4.0 国标塑铜线需要黄、红、绿、黄绿四色线各 2 盘；穿线管使用 40 专用穿线管，穿线管安装到猪舍墙壁上方，根据猪舍规格计算使用 40 专用穿线管 80m。

针对电磁阀布置控制线路，由于电磁阀选用的是 220V 交流设备，需要用 BV2.5 国标塑铜线进行布线，为防止高低压电磁信号互相影响，需用专用穿线管进行电线隔离。所以，需要在墙壁上布穿线管，通过穿线管穿线连接控制器。根据猪舍规格及相关设备位置计算，电磁阀 3 组，分别用 BV2.5 国标塑铜线连接，单线距离 50m，3 组电磁阀设备需要单色 BV2.5 国标塑铜线 150m，即 2 盘线（每盘塑铜线 90m），由于 220 设备为二相三线，所以 BV2.5 国标塑铜线需要黄、红、黄绿三色线各 2 盘；穿线管使用 40 专用穿线管，穿线管安装到猪舍墙壁上方，根据猪舍规格计算使用 40 专用穿线管 70m。

氨气变送器及二氧化碳安装位置在仔猪舍中间墙壁，温度变送器安装位置为仔猪舍纵向 1/2 位置、横向 1/2 位置，需要用专用 4 芯 0.75 信号屏蔽穿线管连接到控制器。湿度变送器安装位置为仔猪舍纵向 1/2 位置、横向 1/2 位置，需要用专用 4 芯 0.75 信号屏蔽穿线管连接到控制器。根据猪舍规格及相关变送器位置计算，氨气变送器需要信号屏蔽线 30m；二氧化碳变送器需要信号屏蔽线 30m；温度变送器需要信号屏蔽线 30m，总计需要信号屏蔽线 90m；湿度变送器需要信号屏蔽线 30m；穿线管使用 20 专用穿线管，穿线管安装到猪舍墙壁上方及猪舍中间位置上方，根据猪舍规格计算使用 20 专用穿线管共计 90m。

每行穿线管汇总到一起后，分别穿过猪舍立面墙接入控制器走线槽内，沿走线槽接入控制箱内。所有接线处均应包一层绝缘胶布和一层防水胶布。

②保育箱部分施工。每个保育箱加热板通过 2×1.5 护套穿

线管汇总到一起后，分别穿过猪舍立面墙接入设备间走线槽内，沿走线槽接入控制箱内。穿线管使用 40 专用穿线管，安装位置为保育箱上方接近房顶处，所有接线处均应包一层绝缘胶布和一层防水胶布。根据猪舍规格，单组保育箱加热板需要 2×1.5 护套线 40m，5 组保育箱加热板共需要 2×1.5 护套线 200m；加热板和加热灯共用 40 专用穿线管，根据猪舍规格计算使用 40 专用穿线管共计 40m。

每个保育箱加热灯通过 2×1.5 护套穿线管汇总到一起后，分别穿过猪舍立面墙接入设备间走线槽内，沿走线槽接入控制箱内。穿线管使用 40 专用穿线管，安装位置为保育箱上方接近房顶处，所有接线处均应包一层绝缘胶布和一层防水胶布。根据猪舍规格，单组保育箱加热灯需要 2×1.5 护套线 40m，5 组保育箱加热板共需要 2×1.5 护套线 200m；所有接线处均应包一层绝缘胶布和一层防水胶布。

每个保育箱温度变送器安装到保育箱 1/3 处，连接需要用 4×0.75 专用信号屏蔽穿线管进入控制器。穿线管使用 40 专用穿线管，安装位置为保育箱上方接近房顶处，所有接线处均应包一层绝缘胶布和一层防水胶布。根据猪舍规格，单组保育箱温度变送器需要 4×0.75 专用信号屏蔽线 40m，5 组保育箱温度变送器共需要 4×0.75 专用信号屏蔽线 200m；所有接线处均应包一层绝缘胶布和一层防水胶布；根据猪舍规格计算使用 40 专用穿线管共计 40m。

③报警设备施工。报警器需要通过 4×0.75 专用信号屏蔽穿线管连接控制器，由于每个养殖场建设布局不一样，所以安装距离不同，一般需要安装到厂区值班室。这样设备出现运转状况能很快处理，一般是通过墙面布管穿线连接到值班室，由于各厂值班室距离不一，所以统一装到猪舍外墙。穿线管使用 20 专用穿线管，安装位置为走廊上方接近房顶处，所有接线处均应包一层绝缘胶布和一层防水胶布。根据猪舍规格，单组报警器需要 4×

0.75 专用信号屏蔽线 50m；所有接线处均应包一层绝缘胶布和一层防水胶布；根据猪舍规格计算使用 20 专用穿线管共计 50m。

5. 项目预算示意表（单栋仔猪舍） 见表 4-17。

表 4-17 项目预算表

序号	项目	数量	单价（元）	总价（元）
1	SX-ZK-Z01A 型一体化仔猪舍环境智能控制器	1 台		
2	SXQ-NH3485 高精度氨气专用变送器	1 台		
3	SXQ-CO2384 高精度二氧化碳专用变送器	1 台		
4	SX-WS4 专用温度变送器	6 台		
5	SX-SD1 专用湿度变送器	1 台		
6	可调仔猪加热灯	5 台		
7	专用电磁阀门	3 台		
8	专用声光报警器	1 个		
9	20 专用穿线管（包括连接附件）	110m		
10	40 专用穿线管（包括连接附件）	230m		
11	1.5 平方护套线（国标）	2 盘		
12	2.5 平方塑铜线红（国标）	2 盘		
13	2.5 平方塑铜线黄（国标）	2 盘		
14	2.5 平方塑铜线绿（国标）	2 盘		
15	2.5 平方塑铜线黄绿（国标）	2 盘		
16	4.0 平方塑铜线红（国标）	2 盘		
17	4.0 平方塑铜线黄（国标）	2 盘		
18	4.0 平方塑铜线绿（国标）	2 盘		
19	4.0 平方塑铜线黄绿（国标）	2 盘		
20	传感器专用信号屏蔽线（国标）	400m		
21	低值易耗品（胶布、扎带、锡棒等）	1 批		
22	施工运输费			

（续）

序号	项目	数量	单价（元）	总价（元）
23	人工费明细			
23.1	线管安装及穿线	400m		
23.2	变送器安装及连接	10个		
23.3	声光报警器安装及连接	1个		
23.4	控制箱安装	1个		
	小计			
24	税金			
	合计			

6. 设备技术指标　见表4-18。

表4-18　各设备技术指标

序号	名称	技术指标
1	SX-ZK-Z01A型一体化仔猪舍智能控制器	显示操作屏7寸TFT，定制养殖专用控制器，设备总负载功率60kW，控制箱尺寸550mm×750mm×200mm **1. I/O点** （1）控制点数：16路模拟量信号输入，8路模拟量信号输出，30路数字量信号输出，40路数字量信号输入 （2）模拟量信号：24位分辨率，0.1‰ FS采集精度，0.1‰ FS控制精度 （3）状态信号或开关量信号：无源触点信号，250V/10A **2. 数据信号** （1）通信接口：2个RS-485接口，1个RJ45接口 （2）数据采样周期：≤50ms （3）控制执行时间：≤10ms **3. 操作界面** （1）触摸屏：7寸TFT，1 024×768分辨率，128M内存，128M系统存储 （2）画面调用响应时间：90%画面≤0.1s，其他≤0.5s （3）站内事件顺序分辨率：≤10ms （4）画面实时数据刷新周期：≤50ms

（续）

序号	名称	技术指标
1	SX-ZK-Z01A型一体化仔猪舍智能控制器	**4. 其他** （1）系统平均无故障时间（MTBF）：≥20 000h （2）负荷率：正常状态下任意 30min 内<20%，突发任务时 5s 内<50% （3）所有设备器件认证：CE/UL/CMC/FCC 认证 （4）温度−40～85℃，相对湿度≤95%无凝结 （5）电磁兼容：符合工业三级标准 （6）防护等级：IP65
2	SXQ-NH3485高精度氨气专用变送器	测量范围：0～200μL/L 精度：±0.1μL/L 响应时间：<30s 防爆等级：ExdⅡCT6，防尘，防潮 信号输出：4～20mA 三线制标准电流，同时支持 RS485 信号输出，专用通信协议，适合 SX-ZK-Z01A 型一体化仔猪舍智能控制器
3	SXQ-CO2384高精度二氧化碳专用变送器	检测原理：红外检测原理 测量范围：0～2 000μL/L 分辨率：1μL/L 精度：±3%FS 重复性：±1.0% 线性误差：±2.0% 不确定度：2% Rd 零点漂移：±3.0% FS/年 跨度漂移：≤±3.0% FS/年 响应时间：≤10s 恢复时间：≤30s 防爆标志：ExdⅡCT6 防爆连接螺纹：3/4″NPT 或客户自定义 信号输出：4～20mA 三线制标准电流、RS485 信号输出、触点输出可选（触点容量 220V、5A），专用通信协议，适合 SX-ZK-Z01A 型一体化仔猪舍智能控制器 最大传输距离：1 100m（RVV0.75 三芯屏蔽电缆） 工作温度：−20℃～70℃ 相对湿度：10%～95% RH（非凝露）

（续）

序号	名称	技术指标
4	SX-WS4 专用温度变送器	测量范围：0～200℃ 精度：±0.1℃； 探头响应时间：<5s 铂金材质，RS485 接口输出，专用通信协议，适合 SX-ZK-Z01A 型一体化仔猪舍智能控制器
5	SX-SD1 专用湿度变送器	测量范围：0%～100% RH 精度：±0.5% RH 探头响应时间：<5s 铂金材质，RS485 接口输出，专用通信协议，适合 SX-ZK-Z01A 型一体化仔猪舍智能控制器
6	SXF-200 专用电磁阀门	电压：220V 使用流体：气体 电压波动范围：±5% 工作寿命：15 万次 线圈可持续工作，最高温度 99℃ 线圈绝缘等级 H 级，可防潮、抗热、防水
7	SXB-300-A 专用声光报警器	电压：220V 功率：3W 光源：超亮 LED 光带，红光 标准：GB/ECE/SAE 喇叭：100dB（A） 防护：IP5，可防潮、抗热、防水 专用通信协议，适合 SX-ZK-Z01A 型一体化仔猪舍智能控制器

第五章 奶牛的精准饲喂技术

第一节　奶牛精准饲喂的意义

近年来，随着人们生活水平的提高，牛奶作为现在日常生活必需的营养品越来越受到人的重视。同时，牛奶对人体有镇静、安神作用，对治疗胃和十二指肠溃疡疾病以及抗击胃癌有帮助，婴幼儿喝牛奶能促进智力发育，成年人和老年人喝牛奶能抗衰老、延年益寿。正因为牛奶有如此多的功效，奶牛业的发展日益兴盛。

奶牛养殖又是整个农业发展中的重中之重，是农业的分支产业，奶业是节粮、高效、产业关联高的产业。奶业的平稳健康发展，对于改善居民膳食结构、提高全民素质，促进农村产业结构调整和城乡协调发展，为农民增收提供新的增长点，带动国民经济相关产业发展等，具有十分重要的意义。

改革开放以来，我国奶牛养殖业发展迅速。1990 年全国奶牛存栏量为 268 万头，2006 年存栏量达到1 401.6万头，牛奶产量3 245.1万 t。2008 年以前的 5 年，奶牛发展速度较为平稳，1997 年和 1998 年甚至还出现了不同程度的负增长；但是，进入 2000 年以后，我国奶牛养殖业一直处于快速增长的状态，特别是 2003 年存栏量增长最多、增长速度最快。奶牛存栏、牛奶产量、乳制品生产成倍增长，2006 年中国已经成为仅次于美国、印度的第三大产奶国。

但是自 2004 年以来，我国奶业发展出现了一些新的情况和问题，如消费增长趋缓、奶牛饲养成本上升、奶牛饲养效益下降，导致了一些地区出现杀牛、卖牛、倒奶的现象；乳产品厂建设失控、重复建设情况严重；乳制品加工企业恶性竞争，价格战、广告战、概念炒作、促销手段多种多样；企业净效益下降，亏损面增加等现象。这些问题已经影响到我国奶牛饲养业和乳制品加工业的健康发展，引起了党中央、国务院的重视。

影响奶牛产量和质量的原因，归纳起来主要有遗传品种、个体差异、生理年龄、胎次、泌乳期、初产年龄、干乳期、健康状况以及饲养环境条件等。要实现奶牛业从传统生产管理向现代的管理方式转变，提高牛奶的产量和质量，首先就要求对奶牛的总体状况有比较细致的了解。在规模养殖场中，奶牛个体及相关信息的获取和处理是一项极其重要而又烦琐的工作，靠人工很难实现并且效率很低。因此，利用先进的计算机技术实现对奶牛个体的一些基本信息（如产奶量、健康状况、生产情况、环境状况等）的自动采集，将会使奶牛的管理和监控变得更科学、严谨和便捷。

奶牛不同生长阶段，对饲料各种营养的需要量差异较大，而奶牛采食量因素对奶牛生长和产奶量都有密切关系。奶牛采食量的高低、奶牛采食情况质量的高低直接影响到奶牛的生长健康情况，最直接影响产奶量，进而影响奶农的收入。过量采食与采食不足都会对动物健康造成危害。所以，如何使动物处在一个营养均衡的状态下一直是动物营养学研究的重要方向。在畜牧生产中，对采食调控的研究主要集中在如何通过生理调节的途径，让动物尽量多地采食饲料，同时提高动物的消化代谢水平，达到最佳的饲料比。这一点对于奶牛养殖而言就更为重要。

实现对奶牛采食信息的自动采集，不但可以使饲养人员从繁重的工作中解脱出来，更重要的是能实时监测和掌握奶牛的健康和活动状况，帮助奶农及早了解和掌握奶牛的健康信息，并能及早地预防和治疗。做到以最小的投入成本取得最大的收益。

精准饲喂就是用现代化设备装备的规模化、智能信息化管理养殖模式，实现奶牛的高效、优质生产。根据奶牛基础日粮采食情况和产奶量等个体差异，适时、适量地补充不同配方的精饲料，即实现基于奶牛个体体况信息的精准饲养。

第二节　奶牛精准养殖信息技术

我国在“十五”期间启动的“‘863’计划重大专项——数字农业技术研究与示范”中，正式提出数字农业精细养殖的概念。所谓数字农业（Digital Agriculture）就是用数字化技术，按人类需要的目标，对农业所涉及的对象和全过程进行数字化和可视化的表达、设计、控制、管理的农业。“数字畜牧业”是“数字农业”的重要组成部分。数字农业包含的理论、技术和工程都能应用在动物养殖的整个过程中。随着配合饲养技术、疫病防治技术、环境控制以及机械化、自动化技术的发展，国外发达国家的家畜饲养业已经向集约化、工厂化和信息化管理的方向发展。自动化饲料配置系统、电子自动称量系统、微型计算机和电子识别系统等高新技术的应用，使其饲养业成为农业工程中自动化水平较高的领域，基本达到了精细饲养管理水平。我国自 20 世纪 80 年代以来，已有少数奶牛场进行了精细管理模式的尝试。目前，我国一些管理水平高的奶牛场，其精细化管理水平仍处在初级阶段。

一、国外奶牛精准养殖信息技术

发达国家的养殖企业，借助优良配套组合设施的应用、规范而有效的疾病防治措施、饲料的高效利用、良好的生态环境及养殖设施的自动化控制与信息管理，从而大大提高了劳动生产率，企业生产规模也日趋大型化。20 世纪 80 年代，荷兰兴建了第一座数字化奶牛场，对奶牛的各项生产活动数据进行自动记录，通过计算机分析给出饲料需要量，实现了精细饲养。以色列阿菲金公司于1984年研究出世界上第一个计算机牧场管理系统——阿菲牧，并随着管理理念的不断更新、挤奶设备及信息技术的进步，对系统不断更新换代。西班牙Agritec软件公司自1989年以来，也一直致力于农业应用软件开发，其研究的奶牛与肉牛生产管理VAQUITEC系统，对产奶数据进行深入的、专业的分析并提供不同格式的报表。该系统在数据采集上采用PDA移动互联模式。

从技术层面分析，实现养殖场精细饲养的技术主要集中在以下方面：

1. 基于动物个体或小群体信息采集的软、硬件技术　奶牛个体编号电子自动识别器是获得个体信息的基础，它于20世纪70年代中期开始研制并逐渐商品化生产。随着技术的不断改进和进步，这种识别器体积越来越小甚至可以通过注射针管植入皮下，可以永久地植入牛的耳后皮下来监测动物整个生长、养殖过程体重增加、母畜发情、健康指标等数据，与数据采集器结合通过计算机平台来实现奶牛精细饲养。

2. 基于采集信息的自动饲喂系统　在奶牛的自动饲喂领域内，荷兰研制了基于动物个体编号自动识别的计算机饲养管理系统；该系统具有生长过程中模拟预测，个体奶量计量、定量配料、自动饲喂，体重、健康、生理指标监测，效益评估和生长速率调节等功能。

3. 以分布式网络计算为核心的养殖技术平台　当前，计算技术正进入以网络为中心的时期，分布计算技术成为计算机主流技术。拥有局部自主的个人计算机或工作站的广大用户迫切需要共享网络上越来越丰富的信息资源，以廉价地获得超出局部计算机能力的高品质服务。20世纪90年代初期，分布式客户/服务器模型（C/S）是当时分布处理计算机的主流体系结构。随着Internet/Intranet的迅猛发展，以浏览器/业务服务器/数据库为代表的客户/服务器计算模型成为当前分布处理计算机的主流体系结构。在软件技术方面，“框架＋构件”和软件构件化技术已经成为工业界普遍接受的提高软件质量、可靠性及软件生产力的一种行之有效的方法和技术。在奶牛养殖领域，德国 WeatfaliaSurge 公司开发了 DairyPlanC21 系统，英国 FullFood 有限公司推出了 Crystal 自动管理牛群系统，它们能进行分布式的资源数据整合与网络连接，集成了饲养、挤奶、称重、分群、保健和人工授精等模块。

4. 自动识别奶牛发情的计算机监测系统　德国使用传感器等电子元件监测奶牛生理参数，应用 VB 语言建立数据分析系统，对奶牛哺乳和发情期的生理参数变化进行数据分析。将奶牛发情计算机监测系统安装于数据设备连接的计算机中，对奶牛发情进行实时监测并作出及时、准确的发情预报。

二、我国奶牛精准养殖信息技术

1. 早期的奶牛信息管理技术　早在 1983 年，朱益民等就开始使用 DBASE 语言研制奶牛信息专用数据库，该系统包括数据的日常管理等内容。1991 年，陈德人建立了奶牛生产信息计算机管理系统。田雨泽等研制了奶牛生产性能监测信息管理系统，该系统可以对奶牛繁殖和生产性能数据进行管理。

2. 奶牛养殖专家系统　2003 年，张学炜等利用数字化技术建立了奶牛养殖专家咨询系统，该系统包括奶牛品种、奶牛饲养、育种技术、繁殖技术等模块。2005 年，又采用网络技术利用 PAID3.0 平台开发了奶牛养殖专家决策系统，可以对牛场建设、种牛选择与改良、奶牛的繁殖、饲养、营养等进行决策分析。白云峰等建立了基于 DHI 模式的奶牛生产管理专家系统，该系统是一个奶牛繁殖、泌乳方面的专家系统。王靖飞等对动物疾病诊断专家系统的知识组织及推理策略进行了研究。刘东明等构建了基于证据不确定性推理的奶牛疾病诊断专家系统。肖建华等采用 B/S 模式，按 NETFrameworkN 层构架设计了奶牛疾病诊断与防治专家系统。

3. 精准养殖设备　①奶牛自动精准饲喂系统。该系统用计算机控制，根据奶牛的产奶量、品质、体重、生理周期和环境因素等相关参数，结合奶牛饲养过程所需要的营养，准确地完成饲料投喂工作，实现奶牛的自动化精细喂养，从而充分发挥每头奶牛的产奶潜能，提高产奶量，同时减少饲料浪费，降低生产成本。②奶牛个体电子识别装置。该系统由上位机、信息传输卡和个体识别及信息采集卡三部分组成。其中，个体识别及信息采集卡是整个系统的关键，可以采集奶牛个体的生长状况、发情情况以及健康状况的数据。③自动控制的挤奶机。它能够完成自动控制和自动清洗功能，还可以通过监测乳汁 pH 来监测奶牛是否感染乳房炎。④畜禽舍电净化防病系统。该系统具有强大的净化空气、消除有害及恶臭气体和防病、防疫的综合能力。

4. 软硬件综合应用技术平台　熊本海通过应用 RFD、PDA、无线局域网等技术建立了集约化奶牛场高效养殖综合技术平台，该平台包括牛群管理、牛群繁殖、产奶管理、饲料与饲养、疾病与防疫、统计分析、场内（小区）管理及系统维护管理等内容。姜万军等用 VB 语言构建了奶牛个体识别及发情监测系统，该软件利用 VB 的串口通信控件和数据库访问技术，实现了上位机与下位机之间的通信，实时接受来自下位机的数据并将其加以整理、分析，存入数据库，可以灵活地在计算机上调用数据库内奶牛的相关资料。周磊等综合运用管理信息系统、Internet 技术和智能分析等现代信息管理技术，开发了江苏省范围内的辅助育种系统。该系统由奶牛场育种基础资料管理系统、中国荷斯坦牛良种登记系统、线性外貌评分系统和网络系统——江苏奶牛育种中心网站组成。杨勇使用传感器等电子元件监测奶牛生理参数，应用 VB 高级程序设计语言建立数据分析系统，设计奶牛发情计算机监测系统。通过分析奶牛哺乳期和发情期生理参数的变化来判断奶牛发情情况，并作出奶牛发情预报。

5. 其他的奶牛管理辅助系统　吴红超等以 VisualFoxPro9.0

为开发工具，设计出了现代奶牛场辅助育种管理软件。李鸿强等利用 JBuider9.0 开发工具，开发了适合中型小奶牛场使用的奶牛信息资料管理系统，该系统分为牛群管理、产乳管理、牛群繁殖、统计分析、养牛场管理、系统管理 6 个方面。

总之，发达国家集约化牛场采用信息技术和自动化技术基本达到了精细养殖，牛奶产量和效益有了较大的提高。我国很多高校和科研单位在这方面也做了很多工作，但是据编者所知，这些科研成果在奶牛生产中的推广应用还远远不够，还需要广大养殖单位和科研单位密切配合，为我国奶牛养殖业生产水平进一步提高继续努力。

第三节　奶牛精准饲喂关键技术

一、奶牛营养与饲料

1. 奶牛的营养需要　奶牛的营养需要可分为维持需要和生产需要两大部分。生产需要包括妊娠、泌乳和生长发育等需要。奶牛的营养需要随着体重、年龄、泌乳阶段等因素不同有较大的差别。奶牛的日粮配合应考虑以下指标：干物质采食量、能量、蛋白质、矿物质、微量元素、维生素。同时，尤其应重视过瘤胃蛋白和中性洗涤纤维等的需要量。

奶牛的营养需要也可参照料奶比 1∶（3～4）。以下为每产 1kg 4%标准乳的营养需要（表 5-1）和奶牛不同产奶量的营养需要（表 5-2）。

表 5-1　每产 1kg 4%标准乳的营养需要

项目	干物质（DM）（kg）	奶牛能量单位（NND）	粗蛋白（CP）（g）	钙（Ca）（g）	磷（P）（g）	胡萝卜素（mg）
营养需要	0.4～0.45	1.0	55	4.5	3	1.26

注：NND 指 1kg 含脂 4%的标准乳所含产奶净能 3.138MJ 作为一个奶牛能量单位。

表 5-2 奶牛不同产奶量的营养需要

泌乳量（kg/d）	15	25	35
干物质采食量（DMI）（kg/d）	17.3	20.3	23.6
奶牛能量单位（NND）（泌乳净能）	27.8	37.2	46.4
粗蛋白（CP）（g/d）	2 151	2 870	3 589
钙（Ca）（g/d）	103.80	125.86	143.96
磷（P）（g/d）	51.9	64.96	82.6
中性洗涤纤维（NDF）（%）	25～33	25～33	25～33
酸性洗涤纤维（ADF）（%）	17～21	17～21	17～21

表 5-2 为每只奶牛体重 650kg，每天产奶量为 15kg、25kg、35kg 3.5%乳脂率的营养需要。

（1）干物质采食量。干物质采食量受体重、泌乳阶段、产奶量、健康状况、日粮水分、饲料品质、气候、采食时间等因素的影响。一般用占体重的百分比来表示。

奶牛在产后 30～60d 达到产奶高峰，而最大干物质采食量发生在产后 70～90d。因此，泌乳早期能量处于负平衡，体重减轻；在泌乳的中后期，随着干物质进食量的增加，产奶量保持平稳并趋于下降，奶牛体况恢复，体重增加。

日粮中水分含量影响干物质的进食量，日粮中水分一般掌握在 45%～50%（当日粮含水量在 50%以上时，每增加 1%的含水量，每 100kg 体重干物质进食量降低 0.02kg）。

粗饲料质量是奶牛干物质采食量的限制因素，优质粗饲料可以提高奶牛干物质采食量。

（2）能量需要。能量是奶牛维持、生长、生产和繁殖必不可少的营养需要。

①维持能量需要。在中立温度下，逍遥运动的维持需要为 $85W^{0.75}$kcal；在低温、高温或运动情况下，能量消耗增长。这些增加的能量需要，可列入维持需要中计算。

②产奶能量需要。每生产 1kg 乳脂率 4%的标准乳需要的产奶净能为 750kcal。

③体重变化与能量需要。奶牛日粮能量不足时，动用体内储备能量去满足产奶需要，体重下降；当日粮能量过多时，多余能量在体内储存起来，则体重增加。体重每增 1kg 相当于 8kg 4%标准乳的产奶净能；体重每减 1kg 能产生 4.92Mcal 的产奶净能，相当于 6.56kg 4%标准乳。

④妊娠的能量需要。妊娠后期胎儿发育迅速，能量需要增加，妊娠 6 月、7 月、8 月、9 月时，每天应在维持基础上增加 1.00Mcal、1.70Mcal、3.00Mcal 和 5.00Mcal 的产奶净能。

⑤生长的能量需要。应根据不同的生长发育阶段和生长速度，确定生长的能量需要。

(3) 蛋白质需要。用于提供动物所必需的氨基酸。氨基酸是体内所有细胞和组织的重要组成部分。奶牛体内各种酶、激素、精液及牛奶，均需要各种氨基酸。氨基酸来自日粮中非降解蛋白质和瘤胃内合成的微生物蛋白。

奶牛日粮由混合饲草和富含淀粉的精料组成，保持瘤胃最有效的消化和发酵需要 11%～12%的粗蛋白。日粮的蛋白质水平过低，整个日粮的消化率将降低，其结果会降低饲料采食量，并使饲料的能量利用效率下降；当日粮蛋白水平过高，造成蛋白质和能量的浪费。蛋白质的利用受日粮能量的限制，保持日粮的能氮平衡十分重要。

饲料蛋白包括真蛋白和非蛋白。进入瘤胃后，非降解蛋白通过瘤胃；而降解蛋白和非蛋白分解为氨，被瘤胃微生物利用，合成菌体蛋白，在小肠吸收。瘤胃能合成菌体蛋白的日最高量可达约 2.4kg。高产奶牛所需要的日粮蛋白应含有较高的非降解蛋白，这样才能满足奶牛高产对蛋白质的需要。

(4) 矿物质需要。矿物质元素可分为常量元素和微量元素两类，常量元素包括钙、磷、钠、氯、钾、镁和硫；微量元素包括钴、铜、碘、铁、锰、钼、硒和锌。矿物质过量会造成元素间的拮抗作用，甚至产生有害作用。

①钙。钙是组成骨骼的一种重要矿物成分，其功能主要包括引起肌肉兴奋、泌乳等。奶牛对钙的吸收受许多因素的影响，如维生素 D 和磷。日粮含有过多的钙会对其他元素（如磷、锰、锌）产生拮抗作用。成乳牛应在分娩前 10d 每天饲喂低钙日粮（40～50g）和产后给予高钙日粮（148～197g）。钙缺乏会导致犊牛佝偻病、成母牛产乳热等。

②磷。除参与组成骨骼以外，磷是体内物质代谢必不可少的物质。磷不足可影响生长速度和饲料转化率，出现乏情、产奶量减少等现象。补充磷时应考虑钙、磷比例，通常钙磷比为（1.5～2）：1。

③钠和氯。在维持体液平衡、调节渗透压和酸碱平衡时，钠和氯发挥重要作用。泌乳牛日粮氯化钠需要量约占日粮总干物质的 0.46%，干奶牛日粮氯化钠的需要量约占日粮总干物质的 0.25%，高含量的盐可使奶牛产后乳房水肿加剧。钾是细胞内液的主要阳离子，与钠、氯共同维持细胞内渗透压和酸碱平衡，提高机体的抗应激能力。

④硫。硫对瘤胃微生物非常重要，瘤胃微生物可利用无机硫合成氨基酸。当饲喂大量非蛋白氮或青贮玉米时，最可能发生的就是硫的缺乏。硫的需要量为日粮干物质的 0.2%。

⑤碘。碘参与许多物质的代谢过程，对动物健康、生产均有重要影响。日粮碘浓度应达到 0.6mg/kg DM（干物质）。有研究认为，碘可预防牛的腐蹄病。

⑥锰。锰维持大量的酶的活性，可影响奶牛的繁殖。需要量为 40～60mg/kg DM（干物质）。

⑦硒。硒与维生素 E 有协同作用，共同影响繁殖机能，对乳房炎和乳成分都有影响。在缺硒的日粮中补加维生素 E 和硒可防止胎衣不下。适宜添加量为 0.1～0.3mg/kg DM（干物质）。

⑧锌。锌是多种酶系统的激活剂和构成成分。锌的需要量为30～80mg/kg DM（干物质）。在日粮中适当补锌，能提高增重、生产性能和饲料消化率，还可以预防蹄病。

（5）维生素需要。维生素对机体调节、能量转化、组织新陈代谢都有重要作用，分脂溶性（维生素 A、维生素 D、维生素 E、维生素 K）和水溶性（B 族维生素、维生素 C）两类。反刍动物可以在瘤胃组织合成多种维生素。

维生素缺乏容易引起多种疾病：维生素 A 缺乏能引起夜盲、胎衣滞留等问题。维生素 D 缺乏影响钙磷代谢，导致骨骼钙化不全，引起犊牛佝偻病。在分娩前一周饲喂大剂量的维生素 D 可以降低乳热症的发生。维生素 E 和硒有协同作用，维生素 E 缺乏时出现肌肉营养不良、心肌变性、繁殖性能降低等症状。奶牛可在体内自己合成 B 族维生素、维生素 C，一般不会缺乏。

对高产奶牛补充烟酸是有利的，可以减少应激，对增加牛奶产量、提高牛奶质量、控制酮病有辅助作用。

维生素推荐量：每千克饲料干物质维生素 A 不低于5 000 IU，维生素 D 不低于 1 400IU，维生素 E 不低于 100IU。

（6）水需要。水是奶牛必需的营养物质。奶牛的饮水量受干物质进食量、气候条件、日粮组成、水的品质及奶牛生理状态的影响。水的需要量按干物质采食量或产奶量估算，每千克干物质采食量（DMI）需要 5.6kg 的水或每产 1kg 的奶需要 4～5kg 的水。环境温度达 27～30℃时，泌乳母牛的饮水量发生显著上升。日粮的组成显著地影响奶牛的饮水量，母牛采食含水分高的饲料，饮水量减少；日粮中含较多的氯化钠、碳酸氢钠和蛋白质时，饮水量增加；日粮中含有高纤维素的饲料时，从粪中损失的水增加。水的温度也影响奶牛的饮水量和生产性能，炎热的夏季防止阳光照射造成水温升高；在寒冷天气，饮水适当加温可增加奶牛饮水量。饮水应保持清洁卫生。

（7）奶牛的特殊营养需要。

①脂肪。脂肪可以提高日粮的能量浓度，缓解高峰期奶牛的能量负平衡。脂肪类饲料包括全棉籽、饱和脂肪酸、脂肪酸钙类制品。如果脂肪添加量过高会影响瘤胃的发酵，特别是影响粗纤维的分解，使牛奶非脂固体率（特别是乳蛋白率）降低。

②粗纤维。奶牛在日粮中需要一定量的粗纤维来维持正常的瘤胃机能，防止代谢病的发生。当粗纤维水平达15%、酸性洗涤纤维（ADF）在19%时，能够维持正常的生产水平和乳脂率。粗料的长度影响奶牛的瘤胃机能，在日粮中至少有20%的粗料长度大于3.5cm。

2. 推荐奶牛日粮营养需要　成年母牛各阶段营养需要见表5-3。后备牛日粮营养需要见表5-4。

表5-3　成年母牛各阶段营养需要

营养需要	干奶前期	干奶后期	围产后期（0～22d）	泌乳早期（22～80d）	泌乳中期（80～200d）	泌乳末期（>200d）
干物质采食量（DMI）（kg）	13	10～11	17～19	23.6	22	19
总能（NEL）（Mcal/kg）	1.38	1.5	1.7	1.78	1.72	1.52
脂肪（Fat）（%）	2	3	5	6	5	3
粗蛋白（CP）（%）	13	15	19	18	16	14
非降解蛋白（UIP）（%）	25	32	40	38	36	32
降解蛋白（DIP）（%）	70	60	60	65	64	68
酸性洗涤纤维（ADF）（%）	30	24	21	19	21	24
中性洗涤纤维（NDF）（%）	40	35	30	28	30	32

（续）

营养需要	干奶前期	干奶后期	围产后期（0～22d）	泌乳早期（22～80d）	泌乳中期（80～200d）	泌乳末期（>200d）
粗饲料提供的中性洗涤纤维（NDF）（%）	30	24	22			
可消化总养分（TDN）（%）	60	67	75	77	75	67
钙（Ca）（%）	0.6	0.7	1.1	1	0.8	0.6
磷（P）（%）	0.26	0.3	0.33	0.46	0.42	0.36
镁（Mg）（%）	0.16	0.2	0.33	0.3	0.25	0.2
钾（K）（%）	0.65	0.65	0.25	1	1	0.9
钠（Na）（%）	0.1	0.05	0.33	0.25	0.2	0.2
氯（Cl）（%）	0.2	0.15	0.27	0.25	0.25	0.25
硫（S）（%）	0.16	0.2	0.25	0.25	0.25	0.25
维生素A（IU/kg）	100 000	100 000	110 000	100 000	50 000	50 000
维生素D（IU/kg）	30 000	30 000	35 000	30 000	20 000	20 000
维生素E（IU/kg）	600	1 000	800	600	400	200

表5-4　后备牛日粮营养需要

阶段划分	月龄	体重（kg）	奶牛能量单位（NND）	干物质（kg）	粗蛋白（g）	钙（g）	磷（g）
哺乳期	0	35～40	4.0～4.5		250～260	8～10	5～6
	1	50～55	3.0～3.5	0.5～1.0	250～290	12～14	9～11
	2	70～72	4.6～5.0	1.0～1.2	320～350	14～16	10～12
犊牛期	3	85～90	5.0～6.0	2.0～2.8	350～400	16～18	12～14
	4	105～110	6.5～7.0	3.0～3.5	500～520	20～22	13～14
	5	125～140	7.0～8.0	3.5～4.4	500～540	22～24	13～14
	6	155～170	7.5～9.0	3.6～4.5	540～580	22～24	14～16

（续）

阶段划分	月龄	体重（kg）	奶牛能量单位（NND）	干物质（kg）	粗蛋白（g）	钙（g）	磷（g）
育成期	7～12	280～300	12～13	5.0～7.0	600～650	30～32	20～22
	13～16	380～400	13～15	6.0～7.0	640～720	35～38	24～25
青年期	17至预产	420～500	18～20	7.0～9.0	750～850	45～47	32～34

3. 饲料的加工调制及利用

（1）物理调制法。

①切短和切碎。各种青绿饲料、块根、块茎和秸秆，在饲喂奶牛前应切短、切碎，一般以3～4cm为宜。块根、块茎等多汁饲料饲喂前先洗涤，切成厚8～12mm、宽50mm的薄片；对于犊牛，厚应在5～10mm、宽10～20mm。

②粉碎。谷实饲料应磨成较粗的碎粒，颗粒大小为1～2mm。

③蒸煮或膨化。生黄豆及生饼粕含有抗胰蛋白酶，饲喂前应煮熟。玉米经过膨化可提高消化率。

④颗粒。奶牛喜欢吃颗粒化饲料，颗粒化饲料可提高增重和奶中的乳质率。

⑤焙炒。大麦和豆类经焙炒后其中部分淀粉变成糊精，产生香甜味，可增加适口性，对犊牛还有促进食欲和止泻的作用。

（2）化学调制法。应用酸、碱、生石灰等化学药剂对秸秆等粗饲料处理，可以改善其适口性，提高其消化率。用碱处理的秸秆，对奶牛等反刍家畜有机物的消化率可增加到70%～75%，粗纤维可增加到80%。但在碱化过程中，饲料中的部分蛋白质可能被溶解，维生素受到破坏。因此，此法只适用于营养价值较差的粗饲料。

（3）饲料发酵法。即发酵饲料，可广泛地应用在各种农副产品和野生饲料，从而节约饲料，增加饲料的酸甜软香，提高适口性。常用的发酵方法有自然发酵和盐水发酵。方法简便，将粗饲料切碎或粉碎，用热水（30℃）以1∶1.5的比例，将饲料浸湿，紧紧地装填缸内或水泥池内，封闭缸口，经过5～7d发酵后即可饲用。

（4）青贮饲料的调制。青贮是利用微生物的发酵作用，长期保存青绿多汁饲料的营养特性，扩大饲料来源的一种简单可靠而经济的方法，是保证奶牛常年均衡供应青绿多汁饲料的有效措施。

（5）干草的调制。干草是家畜冬季舍饲期间的主要饲料。品质优良的干草营养价值很高，若调制不当即可使干草的营养价值接近于秸秆。调制方法通常有人工干燥法和自然干燥法。

（6）根茎、瓜类作物的储藏。根茎、瓜类作物指甘薯、马铃薯、胡萝卜、甜菜、南瓜等。在合理的储藏条件下，一般可存放半年甚至1年左右。

安全储藏的基本要求：一是注意适时收获；二是防止擦伤；三是储藏条件适宜，可用地窖、棚窖等储藏。

（7）配合饲料。配合饲料是由多种饲料配合而成的混合饲料。它是根据牛1d内所需的营养和所采食的饲料总量即日粮，再借助现代科学原理的指导配制而成。奶牛的日粮配合根据其饲养标准和饲料营养价值，选择若干种饲料按一定的比例相互混合，使其中所含的能量和营养物质符合奶牛的营养需要。

二、饲料安全

1. 饲料中的有毒有害物质

（1）饲料源性有毒有害物质。饲料源性有毒有害物质是指来源于动物源性饲料、植物性饲料、矿物质饲料和饲料添加剂中的有害物，包括饲料原料本身存在的抗营养因子，以及饲料原料在生产、加工、储存、运输等过程中发生理化变化产生的有毒有害物质。

①植物源性饲料中的有毒有害物质。饲用植物是奶牛的主要

饲料来源。但在有些饲用植物中，存在一些对动物不仅无益反而有毒有害的成分或物质。这些有毒化学成分或抗营养因子，大致可以分为：(a) 生物碱，生物碱是一类特殊或强效的甘露糖酶抑制剂，能使奶牛产生甘露糖病。种类繁多，具有多种毒性，特别是具有显著的神经系统毒性与细胞毒性。(b) 苷类，饲料中可能出现有毒有害物质的苷类有氰苷和硫葡萄糖苷。氰苷本身不表现毒性，但含有氰苷的植物被动物采食后，植物组织的结构遭到破坏，在有水分和适宜温度条件下，氰苷经过与共存酶作用，水解产生氢氰酸，而引起动物中毒。菜籽粕中硫葡萄糖苷的安全限量与菜籽品种、加工方法、饲喂动物的种类和生长阶段有关。(c) 毒蛋白，在饲用植物中，影响较大的毒蛋白有植物红细胞凝集素和蛋白酶抑制剂，大豆中的植物红细胞凝集素具有较大的毒性。(d) 酚类衍生物，植物中酚类成分非常多，其中与饲料关系比较密切的有棉酚和单宁。(e) 有机酸，有机酸广泛存在于植物的各个部位，抗营养作用较强的有草酸、植酸。(f) 非淀粉多糖，水溶性非淀粉多糖具有明显的抗营养作用。其中，最重要的抗营养因子是混合链β-葡聚糖和阿拉伯木聚糖。

②动物源性饲料中的有毒有害物质。动物源性饲料中存在的有毒有害物质因原料种类、加工及储藏条件不同而有很大的差异，对动物健康影响较大的有以下两种：(a) 鱼粉，鱼粉由于所用原料、制造过程与干燥方法不同，其品质也不相同。由于鱼粉品质不良而引起的毒性问题一般是因为霉变，鱼粉在高温多湿的状况下容易发霉，并且可进而使细菌繁殖，从而发生腐败变质。因此，鱼粉必须充分干燥。同时，应当加强卫生监测，严格限制鱼粉中的霉菌和细菌含量。(b) 肉骨粉，肉骨粉是以动物屠宰后不宜食用的下脚料以及肉品加工厂等的残余碎肉、内脏等为原料，经高温消毒、干燥粉碎制成的粉状饲料。肉骨粉的品质变异很大，若以腐败的原料制成产品，品质更差，甚至可导致中毒。加工过程中热处理过度的产品的适口性和消化率均下降。肉骨粉

的原料很容易感染沙门氏菌，在加工处理畜禽副产品过程中，要进行严格的消毒。目前由于疯牛病的原因，许多国家已禁止用反刍动物副产品制成的肉骨粉饲喂反刍动物。

③矿物质源性饲料中的有毒有害物质。矿物质饲料的种类很多。不论是天然的还是工业合成的矿物质饲料，常常可能含有某些有毒的杂质，对动物呈现毒害作用。矿物质饲料使用过多时，其本身也会对动物产生毒性。主要的矿物质饲料有磷酸盐类、碳酸盐类、骨粉等。

（2）非饲料源性有毒有害物质。非饲料源性有毒有害物质，既不是饲料原料本身存在的，也不是人为有意添加的有毒有害物质。它是指在饲料生产链条中，会对饲料产生污染的外界有毒有害物质，包括霉菌毒素、病原菌、有毒金属元素、多环芳烃等。

2. 影响饲料卫生质量的因素 主要包括饲料原料本身因素、环境因素、加工工艺因素和人为因素。

（1）饲料原料本身因素的影响。饲料原料是影响饲料安全的根源。饲料原料本身因素，主要是指饲料本身含有有毒有害物质。它们在饲料中的含量则因饲料植物种属、生长阶段、耕作方法、加工和搭配不同而有很大的差异。有条件的饲料企业应检测其含量，并进行脱毒处理以减少其危害。

（2）环境因素的影响。饲料在生长、加工、储藏与运输等过程中，被环境中有毒有害物质所污染。如工业产生的废水、废气、废渣生存环境的日益污染，无节制和不合理使用农药、化肥的污染以及环境中的有害菌与致病菌，如沙门氏菌、大肠杆菌、结核菌、链球菌等，时时刻刻在威胁饲料的安全。因此，从现实状况来看，环境因素的危害程度比饲料本身的有害程度更为严重。其中，以生长期、储藏期霉菌繁殖产生毒素、农药、灭鼠药重金属的污染更为突出。

（3）加工工艺因素的影响。饲料搭配不当而导致其相互产生拮抗作用。因为矿物质之间、维生素之间、矿物质与维生素之间存在着相互关系。例如，钙、锌间存在拮抗作用，饲料中钙量过多会引起锌不足；饲粮中铁过高会降低铜的吸收；饲料混合不均匀，特别是微量元素，如硒，量小而毒性大。研究表明，其混匀度低于7%，常发生中毒现象；在加工过程中，如温度控制不好，则温度过高产生有毒物质。研究证明，鱼粉若加热过度，如蒸汽压力高到8～10个大气压，温度180℃以上，加热时间超过2h，就会产生一种有害物质——肌胃糜烂素。

（4）人为因素的影响。部分养殖企业在养殖生产中产生一些错误认识，常在饲料中过量添加某些微量元素添加剂、驱虫剂、杀毒剂等；部分饲料生产企业为追求经济效益，误导养殖企业，在饲料中添加高铜、高铁、砷制剂等，使用违禁药品或促生长制剂，人为地污染了饲料。

三、饲料质量的监测方法

1. 饲料水分和其他挥发性物质含量的测定

（1）适用范围。适用于动物饲料，但奶制品、动物和植物油脂、矿物质、谷物除外。

（2）原理。根据样品性质的不同，在特定条件下对试样进行干燥所损失的质量在试样中所占的比例。

（3）注意事项。

①对于高水分含量（水分含量高于17%）需进行预干燥，可采用空气风干法或参照饲料水分的测定方法。高脂肪含量（脂肪高于120g/kg）的样品测定前要进行脱脂处理。对于高水分、高脂肪含量样品，要先进行预干燥，再进行脱脂处理。

②在干燥过程中因化学反应而造成不可接受的质量变化（一般饲料样品经第二次干燥后质量变化大于试样质量的0.2%，以油脂为主要成分的饲料经第二次干燥后质量变化大于试样质量的0.1%）时，需使用80℃的真空干燥箱进行处理。

2. 饲料中粗蛋白的测定

（1）适用范围。适用于配合饲料、浓缩饲料和单一饲料。

（2）原理。凯氏定氮法测定试样中的含氮量：即在催化剂作用下，用硫酸破坏有机物，使含氮物转化成硫酸铵。加入强碱进行蒸馏使氨逸出，用硼酸吸收后，再用酸滴定，测出氮含量，将结果乘以换算系数6.25，计算出粗蛋白含量。

（3）注意事项。

①混合催化剂在使用前要进行充分磨碎混匀。

②根据蛋白含量称取试样，一般为0.5～1.0g。对于高蛋白含量试样如鱼粉、血粉等，称样量可适当降低到0.3g。

③试样消煮要保证完全，可适当延长消煮时间。消煮完全后，试样消煮液呈透明的蓝绿色。

④在蒸馏过程中，要注意密封，防止氨气泄漏。蒸馏时，要保证氢氧化钠溶液过量，将消煮液中过量的硫酸全部中和，以保证消煮液中氨能够全部逸出。当消煮液中加入过量的氢氧化钠溶液后，会出现黑色沉淀。如消煮液还保持澄清，需适当补充氢氧化钠溶液。

3. 饲料粗脂肪的测定

（1）适用范围。适用于油籽和油籽残渣以外的动物饲料。

（2）原理。索氏（Soxhlet）脂肪提取器中用石油醚提取试样，通过蒸馏和干燥，将残渣称重。残渣中除脂肪外，还有有机酸、磷脂、脂溶性维生素、叶绿素等，因而测定结果称为粗脂肪含量。

（3）注意事项。

①对于高水分含量（水分含量高于17%）需进行预干燥，可采用空气风干法或参照饲料水分的测定方法。高脂肪含量（脂肪高于120g/kg）的样品测定前要进行脱脂处理。含有一定数量加工产品的配合饲料，其脂肪含量至少有20%来自这些加工产品。以上产品在测定前需要水解。

②使用自动脂肪提取仪提取脂肪时，要适当延长浸提时间，保证脂肪被充分浸提出来。

4. 饲料中粗纤维的测定（过滤法）

（1）适用范围。适用于粗纤维含量大于10g/kg的饲料。

（2）原理。用固定量的酸和碱，在特定条件下消煮样品，再用醚、丙酮除去醚溶物，经高温灼伤扣除矿物质称为粗纤维。其中，以纤维素为主，还有少量半纤维素和木质素。

（3）注意事项。

①如试样是多汁的鲜样或无法粉碎时，应预先干燥处理，方法参照水分测定。

②如果试样脂肪含量超过100g/kg，或试样中脂肪不能用石油醚直接提取，需进行预先脱脂处理。

③如果试样中碳酸盐（碳酸钙形式）超过50g/kg，在测定前需除去碳酸盐。

5. 饲料中钙的测定

（1）适用范围。适用于饲料原料和饲料产品。本方法钙的最低限量为150mg/kg（取试样量为1g时）。

（2）原理。将试样中有机物破坏，钙变成溶于水的离子，用草酸铵定量沉淀，用高锰酸钾法间接测定钙含量。

（3）注意事项。

①试样分解时要小心加热，防止样品爆沸溅出。当采用湿法处理时，一定不能蒸干，加热温度要低于250℃，防止高氯酸出现爆燃，发生危险。

②试样处理液经沉淀后，沉淀要用氨水溶液充分洗涤，保证沉淀中无酸根离子。

6. 饲料中总磷的测定（分光广度法）

（1）适用范围。适用于饲料原料（除磷酸盐外）及饲料产品中磷的测定。

（2）原理。将试样中有机物破坏，使磷元素游离出来。在酸性溶液中，用钒钼酸铵处理，生成黄色的络合物，在波长400nm下进行比色测定。

（3）注意事项。钒钼酸铵显色剂配置后应避光保存，若生成沉淀，则不能继续使用。

7. 饲料中粗灰分的测定

（1）适用范围。适用于动物饲料中粗灰分的测定。

（2）原理。试样中的有机质经550℃灼伤分解，对所得残渣进行称量即为粗灰分。

（3）注意事项。试样在马弗炉中灼伤3h后，如果有炭粒存在，需将坩埚冷却后用蒸馏水润湿，在（103±2）℃的干燥箱中蒸发至干，再放入马弗炉中灼伤1h后冷却称重。

四、奶牛的合理饲喂方法

1. 粗饲料的饲喂 奶牛作为反刍动物以采食粗饲料为主，因此在饲养奶牛时需要准备充足的饲草饲料。饲喂奶牛的粗饲料种类繁多，主要有青干草和农作物秸秆，通常青干草的营养价值要高于秸秆。在对奶牛饲喂粗饲料时不宜直接饲喂，为了提高粗饲料的利用率、提高奶牛的采食量、减少饲料的浪费、提高饲料的营养价值，一般将粗饲料进行加工处理后再饲喂。在饲喂青干草前可将其切短，一般保持在3cm左右即可，不宜切得过短。如果青干草切得过短、粉碎得过细，不利于奶牛的反刍活动，会引起消化不良、腹泻，对瘤胃的健康不利。而对于秸秆饲料的加工，一般多选择进行青贮。秸秆饲料经过青贮，可以提高营养价值、适口性，并且可以长期储存，可为冬春两季提供青绿多汁饲料，确保奶牛全年摄入充足的营养物质。秸秆除了可青贮外，还可进行微贮和氨化，均为饲喂奶牛的良好粗饲料。在饲喂时，要注意保证粗饲料的质量，不饲喂发生霉变的饲料，在饲喂前要检查粗饲料中是否含有异物，防止奶牛的瘤胃受损。在饲喂粗饲料时，需要使用饲槽，目前仍有许多的奶牛养殖企业或养殖场不使用饲槽饲喂奶牛，而是将饲草直接放在地上。这会使饲草饲料与地面的污物和病菌接触，增加了奶牛感染疾病的概率。另外，大量的饲料置于地上还会被奶牛践踏，造成饲料的浪费，增加了饲料成本。因此，奶牛养殖需要使用饲槽。

2. 精饲料的饲喂　精料的饲喂可以显著提高奶牛的产奶量，一般精饲料都是搭配粗饲料来使用的。但是，在很多奶牛养殖场中存在这样一个误区，就是认为奶牛的体重越大，产奶量越高。因此，盲目增加精饲料的饲喂量，不但不会提高奶牛的产奶量和牛奶的质量，反而会使奶牛体况过肥，导致奶牛的乳房内沉积大量的脂肪，阻碍泌乳，还易引发乳房炎。除此之外，大量采食精饲料还会导致奶牛因采食过量的精饲料而发生瘤胃异常发酵，发生瘤胃酸中毒等疾病，影响奶牛的健康。因此，在奶牛养殖过程中适量地饲喂精饲料，还要注意日粮中精粗比。精饲料在饲喂前也需要加工处理，目前对于精饲料的加工大多进行粉碎。但是，要注意粉碎的粒度，不宜粉碎过细；否则，会影响奶牛瘤胃的健康。还可以进行糊化和膨化。有的养殖场在加工精饲料时采用长时间浸泡的方法，这种方法并不可取，不但会破坏精饲料中的营养成分，还导致细菌大量的滋生和繁殖，而使饲料发生腐败。这一现象在夏季表现得更明显，如果奶牛长期采食这样的饲料，会造成消化系统紊乱，影响产奶量和奶牛的健康。在饲喂精饲料时，需要采用正确的方法，将精饲料粉碎后潮拌，可以提高饲料的利用率和奶牛的采食量，还可以调节奶牛的消化机能。

3. 饲料添加剂的饲喂　饲喂奶牛的饲料添加剂的种类较多，主要包括维生素类添加剂、常量元素添加剂、微量元素添加剂、缓冲剂以及中草药等。在奶牛的日粮中添加适量的添加剂可以给奶牛提供充足的营养物质，避免发生营养因子缺乏的现象，而影响奶牛的生产性能。奶牛对维生素、微量元素等的需要量较少，但是这些营养因子却起着重要的作用，在使用时要注意用量，不宜使用过量，不但会造成浪费，还会引起奶牛中毒。而缓冲剂的使用可以在大量使用精饲料时起到中和瘤胃酸的作用，可确保奶牛瘤胃的健康。缓冲剂一般使用碳酸氢钠，用量为精饲料的1.4%～3%。中草药的使用目前越来越广泛，可以提高奶牛的产奶性能，增强奶牛的抗病能力。

4. 全混合日粮的饲喂 全混合日粮（TMR）是根据奶牛不同生长发育阶段和泌乳阶段对营养物质的需要，结合当地的饲料资源、本场的养殖条件，满足奶牛生产需要的日粮配方，并使用全混合日粮的搅拌机将不同种类的饲料按配方进行配比混合，进行搅拌、切割、揉搓、混合和饲喂的饲养工艺。全混合日粮适用于具有一定规模的奶牛养殖场，可以有效地保证奶牛采食到的每一口饲料都是营养均衡的日粮，对于提高奶牛的生产性能、提高饲料的利用率都意义重大。另外，全混合日粮的饲喂可以控制营养物质的供给，提高饲料的适口性，对于增加奶牛干物质的采食量也很有帮助，并且可以根据实际的生产需要对日粮配方进行灵活调整，将粗、精饲料以及饲料添加剂进行均匀混合，可以提高日粮的适口性，避免奶牛挑食，防止奶牛发生瘤胃酸中毒。混合日粮饲喂的前提是将奶牛群进行合理分群管理，分群时牛场需要根据自身的实际情况来进行，通过合理地分群可以合理地控制日粮营养配比，确保了奶牛的健康，还可有效提高奶牛的产奶量和控制奶牛的饲料成本。在使用全混合日粮时，要观察奶牛的反刍和排泄情况、日粮的搅拌均匀度以及奶牛的剩料情况，以便于及时地调整。

五、奶牛精准饲喂的日粮管控

在有良好的基础设施和管理制度并严格执行的情况下，可以提高奶牛的舒适度，但最大限度地满足奶牛的营养需要是一个复杂的体系。在设计日粮配方时，不但要合理、充分利用市场原料，尽量降低成本确定满足奶牛需要的科学配方；加工过程中在称重、投放、搅拌过程尽量减少误差，搅拌均匀；还必须保证尽量让牛采食到新鲜安全、足够的、配合好的饲料；最后还要通过消化吸收情况对日粮进行评价、反馈。简单概括为配方日粮、投喂日粮、采食日粮、消化日粮，通过“四粮”管控解决奶牛营养需要问题。

1. 配方日粮

（1）掌握原料情况。设计日粮配方时，需充分了解并掌握原料市场的价格波动，以及原料的营养价值、供应长期稳定性等。现以青贮饲料为例，介绍选购饲料原料的注意事项。

青贮饲料在混合日粮中用量较大，其营养含量丰富，是奶牛喜好的基础口粮。但其营养成分差异化较大，尤其是水分含量差异对日粮配比和饲喂成本影响较大。特别是高产奶牛产后要求干物质采食量最大化，对青贮质量要求更高。所以，采购时一定要购买优质的青贮饲料，严格控制水分含量，不能仅仅以价格高低进行判断。例如，一般青贮料的干物质含量为20%，100kg青贮料售价35元，则1kg干物质为1.75元，按该价格计算100kg干物质含量为30%的青贮料价值52.5元。所以，在市场上即使从0.35元/kg提高到0.40元/kg收购30%干物质含量的青贮料也是划算的。切记最重要的是提高配合日粮的营养浓度。如果牧场自己制作玉米青贮，则应注意收获、加工的各环节。尤其是玉米的收割期、切割长度对其质量影响很大。应在蜡熟期收割，具体为：①玉米须发黑发干；②株秆下部4～5片叶发干；③玉米粒的乳线在1/3～3/4。切割长度为0.5～1.5cm。

总之，不管采购何种饲料原料，都要严把质量关，明确所需产品的量，掌握原料的质量指标。对于青贮料等水分含量高的饲料，尤其要注意霉变等情况。

（2）饲料使用的方式。一种方式为自配料（以5%的预混料为基础料自己加工），另一种方式是采用饲料厂提供的全价精料补充料。两种方法各有利弊。笔者建议用自配料，向奶业发达国家以色列学习。因为牛为草食动物，粗饲料品质非常重要。牛的营养需要也比较容易满足，如美国 NRC 标准高产奶牛（单产在 11 000kg）粗蛋白给量要达到 17%～18%（如果满足两个限制性氨基酸需要量，可以降至 16.5%），干物质给量要达到 23.6～25kg。对于国内绝大多数牛场而言，蛋白质给量没有问题，重要的是干物质给量没有达到标准（冬季约 26kg）。往往是日粮配方中干物质量足够，但奶牛摄入的量不足，浪费较多。因此，重点是在饲喂管理上，而不是日粮配方本身。更重要的是从牛场的成本考虑，自配料更经济。例如，某奶牛自配料精料配方为玉米 60%、棉粕 20%、豆粕 8%、麸皮 5%、预混料 5%、盐 1%、小苏打 1%，其成本为 2.42 元/kg，而市场全价料成本为 3 元/kg，按每天5 000kg 用量计算，自配料成本较市场料相差2 900元，每月可节约成本近 9 万元，每年即 108 万元。

配料时，建议使用传送带式搅拌填料装置。奶牛场传送带式搅拌装置可以搅拌并切碎不同类型的饲料原料，并且可以为添加的每一种饲料原料自动称重，精准控制饲喂量。填料装置是一种模块化设计，系统设置了两种输出口模块，可以根据自己的需求安装不同的模块来扩张容量。

（3）配方设计时应注意事项。

①原则。以最低的生产成本获得最佳营养需要。最便宜的日粮并不是最好的，因为它可能对奶牛生产性能产生负面影响。而使用高成本日粮虽然可以获得高产，但每千克牛奶成本却较高。

②重点在营养实质（如有效能和有效氨基酸的量），而表观指标（如粗蛋白质、总磷含量）比较容易满足，可以忽略。高产奶牛的干物质采食量应占体重的 4%～5%。特别是为提高高产奶牛群的产奶量，应首先考虑两种限制性氨基酸——赖氨酸和蛋氨酸的占比。赖氨酸占日粮代谢蛋白的比例应在 7.2%左右，蛋氨酸为 2.4%。

③为保证奶牛采食量和消化率，日粮中性洗涤纤维应保持在

28%～36%（以干物质为基础），酸性洗涤纤维应维持在19%～24%。高产牛应尽量保持较低的水平，以保证采食量和消化率。评定选择粗饲料时，可采用以下公式，即粗饲料的相对价值RFV＝（DMI×DDM）/1.29。式中，DMI＝80/NDF，DDM＝88.9－（0.779×ADF）。

④高温季节宜采用高能量、低蛋白、高氨基酸、高维生素和高矿物质的日粮结构。冬季要在高温季节的基础上增加10%。

⑤由于受瘤胃容积的限制，高产牛要继续获得高产就必须提高日粮中泌乳净能浓度。

2. 投喂日粮　对投喂日粮进行管控的目的是在称重、投料过程中尽量减少误差，并搅拌均匀。

（1）饲喂体系的变化。

①单独饲喂体系。其优点是根据个体需要进行饲喂，缺点是劳动力成本高。如果管理得当仍然会带来效益，目前国外有单独饲喂设备并逐渐推广。

②精粗饲料分开饲喂体系。采用畜栏或拴系饲喂，而且粗饲料和精饲料分开。先提供粗饲料，然后根据个体牛的产奶量、年龄和体况将所配精饲料撒在粗饲料上饲喂。缺点是牛会挑食上层的精料，劳动力成本高。

③分群饲喂体系。用TMR机械将日粮混合搅拌后投送至牛槽，24h自由采食、自由饮水。其缺点是：小规模分群饲喂不实际；分群不当或管理不善容易引起牛群个体过度采食，导致肥胖和其他相关健康问题，如难产、繁殖率低、生产性能下降等。而且，很多情况下该体系的缺点需要较长时间的细致观察才会显现出来。因此，需科学细致的管理控制。

（2）饲喂TMR的管控。

①饲喂TMR的优点。饲喂TMR可以增加每天的采食次数，为瘤胃微生物提供更加稳定的营养物质，且维持瘤胃pH稳定，减少瘤胃疾病，特别是可避免奶牛挑食现象，便于添

加一些适口性差的原料；全天候自由采食可使干物质采食量最大化，且饲料转化率可提高4%；使配方、饲喂、管理、库管更加精准；机械化程度高，减少劳动力成本；提高奶产量5%～8%。

②TMR饲喂在牛场常遇到的现象与问题。TMR饲喂在牛场常遇到的问题有以下3点：同一配方的两批日粮，出现不同颜色；同一车料，前后投喂的差异明显；同批日粮发两个牛舍，一个牛舍不够吃，一个牛舍剩很多。

（3）管控策略。

①建立TMR饲喂规范管理制度（时间、次数等）。

②称重监控（软件、设备）。先进的无线智能技术可实现从计算机配方到铲车到TMR搅拌车的精准化配料管理无缝连接，清晰的指令能够使操作工人便捷地了解操作步骤。

③监测。观察混合料外观及精粗饲料是否混合均匀。配制好的TMR饲料应松散不分离，色泽均匀，新鲜不发热，无异味、不结块。用滨州日粮颗粒分离筛监测日粮的颗粒度范围，其范围应该控制在上层筛10%～15%、中层筛30%～50%、底层筛40%～60%。利用微波炉测水分，水分含量要保持在45%～55%。

3. 采食日粮 将加工好的TMR投喂给奶牛后，还应加强饲养管理，确保奶牛采食到新鲜、安全、足够的TMR，需注意以下4点：奶牛分群不宜过勤，15～20d分群1次为宜；尽量选择晚上分群，以减少应激、争斗等；饲养密度不宜超过颈枷量的85%，加强推料，特别是在投料2～3h后须进行推料，促使奶牛尽量采食，及时清槽，否则不新鲜的剩料会影响适口性；捡拾、清理不安全物件，如塑料、呢绒、石头、铁器等，以防止损伤奶牛消化道。评价奶牛挑食情况和剩料情况，评定日粮和牛群是否相互适应见表5-5。如果投放量不足，切忌增加单一饲料品种，要增加全混合日粮给量。

表 5-5　饲槽评分（投喂前 1h）

评分	内　　容
0	饲槽中无饲料（需增加喂量 5%）
1	大部分饲槽缺乏饲料（需增喂 2.3%）
2	饲槽有小于 2.5cm 厚的饲料，量占 5%～10%（无需改变）
3	饲槽有 5～7.5cm 厚的饲料（调查原因并调整）
4	饲槽有大于 50%的饲料（调查原因并调整）
5	饲槽最终无采食（调查原因并调整）

4. 消化日粮

（1）观察奶牛反刍。奶牛摄入所需日粮后并不意味着饲喂这项工作结束，还要通过观察反刍、粪便评分等措施对日粮的消化吸收情况进行评价，以更好地指导日粮配合。

奶牛采食后通常 0.5～1.0h 开始反刍，每天反刍 6～10 次，每次持续 30～50min，共耗时 7h 左右。大约每口饲料反刍咀嚼 40～60 次，通常非采食的牛有 60%以上在反刍。如果低于此值，首先怀疑奶牛是否出现消化问题或患病（如酸中毒）；也可能是饲料中精饲料比例过高（高产牛不宜超过 60%）或粗饲料切得过短。

（2）对奶牛粪便进行评分，评分标准见表 5-6。

表 5-6　奶牛粪便评分标准

级别	形态描述	原　　因
1	粪很干，呈粪球形状，超过 7.5cm 高	日粮基本以低质粗饲料为主
2	粪干，厚度在 5～7.5cm，半成型的圆片状	食入质量低的饲料，纤维含量高，精饲料量低或蛋白质缺乏
3	粪呈较细的扁状，中间有较小的凹陷，厚度在 2～5.0cm	日粮精粗比合适

（续）

级别	形态描述	原　因
4	粪软，没有固定形状，能流动，厚度小于2.0cm，周围有散点	缺乏有效NDF，精饲料、青贮和多汁饲料喂量大
5	粪很稀，像豌豆汤，呈弧形下落	食入过多蛋白质、青贮、淀粉、矿物质或缺乏有效NDF

奶牛精准饲喂管控就是尽量使“四粮”（配方日粮、投喂日粮、采食日粮、消化日粮）高度统一，减少误差。可以借助配方知识（软件）、微波炉＋电子秤、粪便分离筛及剩料评分、反刍情况评价和配套的管理制度、奖罚制度等一系列工具及措施，最大限度地满足奶牛营养需要。

奶牛精准饲喂还要求使用先进的设备设施，如传送带式饲喂系统、新型自锁式牛颈枷等。科学理论与实际操作相结合，才能更好地管理奶牛日粮饲喂工作。

六、科学饲养管理

1. 饲养工艺

（1）拴系饲养。有固定牛床及拴系设施，牛只平时在舍外运动场自由运动，不能自由进出牛舍。采食、刷拭和挤奶在舍内进行。按奶牛生长发育阶段和成母牛泌乳期、泌乳量等分群饲养。

（2）散栏饲养。按照奶牛的自然和生理需要，不拴系，无固定床位，自由采食、自由饮水、自由运动，并与挤奶厅集中挤奶、TMR日粮相结合的一种现代饲养工艺。需要牛舍、挤奶设备、搅拌车、铲车等设备设施配套才能发挥作用。成母牛群的散栏饲养一般将牛群分成5种，即头胎牛群、泌乳盛期群、泌乳中期群、泌乳末期群和干奶牛群。后备牛的散栏饲养可根据牛群规模分群，对各群牛分别提供相应日粮。

2. 犊牛的饲养管理

（1）犊牛哺乳期（0～60日龄）。饲养犊牛必须做到“五定”，即定质、定时、定量、定温、定人，每次喂完奶后擦干嘴部。新生犊牛出生后必须尽快吃到初乳，并应持续饲喂初乳3d以上；一周以后开始补饲，以促进瘤胃发育。

饮水保证犊牛有充足、新鲜、清洁卫生的饮水，冬季饮温水。每头每天饮水量平均为5～8kg。

卫生应做到“四勤”，即勤打扫、勤换垫草、勤观察、勤消毒。犊牛的生活环境要求清洁、干燥、宽敞、阳光充足、冬暖夏凉。哺乳期犊牛应做到一牛一栏单独饲养，犊牛转出后应及时更换犊牛栏褥草、彻底消毒。犊牛舍每周消毒一次，运动场每15d消毒一次。

犊牛出生后，在20～30d去角（用电烙铁或药物去角）。在犊牛6月龄之内去副乳头，最佳时间在2～6周，最好避开夏季。先清洗消毒副乳头周围，再轻拉副乳头，沿着基部剪除副乳头，用2%碘酒消毒。

（2）犊牛断奶期（断奶至6月龄）。饲养犊牛的营养来源主要依靠精饲料供给。随着月龄的增长，逐渐增加优质粗饲料的喂量，选择优质干草、苜蓿供犊牛自由采食，4月龄前禁止饲喂青贮等发酵饲料。干物质采食量逐步达到每头每天4.5kg。

管理断奶后犊牛按月龄体重分群散放饲养，自由采食。应保证充足、新鲜、清洁卫生的饮水，冬季饮温水。保持犊牛圈舍清洁卫生、干燥，定期消毒，预防疾病发生。

3. 育成牛饲养管理（7～15月龄）

（1）饲喂。日粮以粗饲料为主，每头每天饲喂混合精料2～2.5kg。日粮蛋白水平达到13%～14%；选用中等质量的干草，培养耐粗饲性能，增进瘤胃机能。干物质采食量每头每天应逐步达到8kg，日增重为0.77～0.82kg。

（2）管理。适宜采取散放饲养、分群管理。保证充足新鲜的饲料供给，非TMR日粮饲喂时，注意精饲料投放的均匀度。应保证充足、新鲜、清洁卫生的饮水。应定期监测体尺、体重指标，及时调整日粮结构，以确保17月龄前达到参配体重（≥380kg），保持适宜体况，并注意观察发情，做好发情记录，以便适时配种。

4. 青年牛饲养管理

（1）饲喂。16～18月龄的日粮以中等质量的粗饲料为主，混合精料每头每天饲喂2.5kg，日粮蛋白水平达到12%，日粮干物质采食量每头每天控制在11～12kg。19月龄至预产前60d的混合精料饲喂量每头每天为2.5～3kg，日粮粗蛋白水平12%～13%。预产前60d至前21d的日粮干物质采食量每头每天控制在10～11kg，以中等质量的粗饲料为主，日粮粗蛋白水平14%，混合精料每头每天3kg。预产前21d至分娩采用干奶后期饲养方式，日粮干物质采食量每头每天控制在10～11kg，日粮粗蛋白水平14.5%，混合精料每头每天4.5kg左右。

（2）管理。应做好发情鉴定、配种、妊娠检查等工作并做好记录。应根据体膘状况和胎儿发育阶段，合理控制精饲料喂量，防止过肥或过瘦。应注意观察乳腺发育，保持圈舍、产房干燥、清洁，严格执行消毒程序。注意观察牛只临产症状，以自然分娩为主，掌握适时、适度的助产方法。

5. 成母牛各阶段的饲养管理

（1）干奶前期（停奶至产前21d）。饲养日粮应以中等质量粗饲料为主，日粮干物质采食量占体重的2%～2.5%，粗蛋白水平12%～13%，精粗比以30∶70为宜。混合精料每头每天2.5～3kg。

停奶前10d，应进行妊娠检查和隐性乳房炎检测，确定怀孕和乳房正常后方可进行停奶。配合停奶应调整日粮，逐渐减少精料供给量。停奶采用快速停奶法，最后一次将奶挤净，用消毒液将乳头消毒后，注入专用干奶药，转入干奶牛群，并注意观察乳房变化。此阶段饲养管理的目的是调节奶牛体况，维持胎儿发育，使乳腺及机体得以休整，为下一个泌乳期做准备。可根据个体不同体况，增减精料饲喂量。控制饲喂食盐、苜蓿。

(2) 干奶后期（产前21d至分娩）。饲养日粮应以优质干草为主，日粮干物质采食量应占体重的2.5%～3%，粗蛋白水平13%，可适当降低日粮中钙的水平，添加阴离子盐产品，促进泌乳后日粮钙吸收和代谢，不补喂食盐。

此阶段为围产前期，应防止生殖道和乳腺感染以及代谢病发生，做好产前的一切准备工作。产房产床保持清洁、干燥，每天消毒，随时注意观察牛只状况。产前7d开始药浴乳头，每天2次，不能试挤。

(3) 泌乳早期（分娩至产后21d）。饲养应注意产前、产后日粮转换，分娩后视食欲、消化、恶露、乳房状况，每头每天增加0.5kg精饲料，自由采食干草。提高日粮钙水平，每千克日粮干物质含钙0.6%、磷0.3%，精粗比以40∶60为宜。饲喂TMR日粮时，应按泌乳牛日粮配方供给，并根据食欲状况逐渐增加饲喂量。

应让牛只尽快提高采食量，适应泌乳牛日粮；排尽恶露，尽快恢复繁殖机能。

(4) 泌乳盛期（产后21～100d）。饲养日粮干物质采食量应从占体重的2.5%～3.0%逐渐增加到3.5%以上。粗蛋白水平16%～18%，钙0.7%，磷0.45%。精粗比由40∶60逐渐过渡到60∶40。应多饲喂优质干草，对体重降低严重的牛适当补充脂肪类饲料（如全棉籽、膨化大豆等）并多补充维生素A、维生素D、维生素E和微量元素，饲喂小苏打等缓冲剂以保证瘤胃内环境平衡。应适当增加饲喂次数，运动场采食槽应有充足补充料和舔砖供应。

应尽快使牛只达到产奶高峰，保持旺盛的食欲，减少体况负平衡。搞好产后监控，及时配种。

（5）泌乳中期（产后100～200d）。饲养日粮干物质采食量应占体重3.0%～3.5%，粗蛋白13%，钙0.6%，磷0.35%，精粗比以40∶60为宜。

此阶段产奶量渐减（月下降幅度为5%～7%），精饲料可相应渐减，尽量延长奶牛的泌乳高峰。此阶段为奶牛能量正平衡，奶牛体况恢复，日增重为0.25～0.5kg。

（6）泌乳后期（产后200d至停奶）。饲养日粮干物质应占体重的3.0%～3.2%，粗蛋白水平12%，钙0.6%，磷0.35%，精粗比以30∶70为宜。调控好精料比例，防止奶牛过肥。

该阶段应以恢复牛只体况为主，加强管理，预防流产。做好停奶准备工作，为下胎泌乳打好基础。

6. 奶牛夏季的饲养管理

（1）管理。运动场应有凉棚，可减少30%的太阳辐射热。牛舍应打开门窗，必要时应安装排风扇，保证通风。对高产牛、老弱体质差的牛要及时淋浴降温。在牛舍周围、运动场四周植树绿化。应定期灭蝇，至少每月一次。应调整牛只的活动时间，中午尽量将牛留在舍内，避免辐射热。

（2）饲养。应确保新鲜、清洁、充足的饮水供应。可适当提高日粮精饲料比例，但精饲料最高不宜超过60%。可在日粮中添加脂肪，如添喂1～2kg全棉籽。使用瘤胃缓冲剂，在日粮干物质中添加1%～1.5%的碳酸氢钠或0.4%～0.5%的氧化镁。应注意补充钠、钾、镁，提高维生素添加量。

7. 奶牛日粮配合的方法

（1）粗饲料组合模式的确定方法。奶牛日粮一般以粗饲料满足奶牛的维持需要。粗饲料组合模式的确定按以下3个步骤进行：

①先按粗饲料干物质中青贮占50%、干草占50%的原则，再根据所选青贮、干草品种的干物质含量，确定粗饲料中青贮和

干草所占的比例。

以青贮、干草干物质含量分别占22%和90%为例：

青贮占粗饲料的比例＝（青贮、干草干物质含量之和－青贮干物质含量）÷青贮、干草干物质含量之和＝（0.22＋0.9－0.22）÷（0.22＋0.9）＝0.9÷1.12≈0.8（80%）

干草占粗饲料的比例＝（青贮、干草干物质含量之和－干草干物质含量）÷青贮、干草干物质含量之和＝（0.22＋0.9－0.9）÷（0.22＋0.9）＝0.22÷1.12≈0.2（20%）

根据以上比例，青贮给量÷0.8＝粗饲料给量，粗饲料给量－青贮给量＝干草给量，计算粗饲料的组合模式，见表5-7。

表5-7 粗饲料的组合模式

青贮（kg）	25	20	15	10
干草（kg）	6.25	5	3.75	2.5
粗饲料（kg）	31.25	25	18.75	12.5

②根据所选青贮、干草DM、NND、CP的含量，计算1kg按以上比例组合粗饲料的DM、NND、CP含量。

以粗饲料由玉米青贮和干草组合为例：

1kg粗饲料DM含量＝0.22×0.8＋0.9×0.2＝0.356kg

1kg粗饲料NND含量＝0.35×0.8＋1.36×0.2＝0.552个

1kg粗饲料CP含量＝16×0.8＋53×0.2＝23.4g

③根据1kg粗饲料DM、NND、CP含量和按体重计算出的DM、NND、CP维持需要量，计算出同时满足DM、NND、CP维持需要量的粗饲料给量。再按青贮、干草在粗饲料中所占的比例，计算出玉米青贮给量、干草给量。

例如：600kg体重成母牛DM、NND、CP维持需要量分别为7.52kg、13.73个、559g。

满足DM需要的粗饲料给量＝DM维持需要量÷1kg粗饲料DM含量＝7.52÷0.356≈21.12kg

满足NND需要的粗饲料给量=NND维持需要量÷1kg粗饲料NND含量=13.73÷0.552≈24.9kg

满足CP需要的粗饲料给量=CP维持需要量÷1kg粗饲料CP含量=559÷23.4≈23.9kg

由此可见，为同时满足600kg体重成母牛DM、NND、CP维持需要量，粗饲料给量应为25kg，其中玉米青贮20kg、干草5kg。

（2）精饲料组合模式的确定方法。奶牛日粮一般以精饲料满足奶牛的产奶营养需要，精饲料组合模式的确定方法按以下2个步骤进行：

①根据产奶量计划、奶料比计划及产1kg奶NND、CP的需要量计算出1kg混合精料NND含量和CP含量。

1kg混合精料NND含量=（产1kg奶NND需要量×日产奶量）÷（日产奶量÷奶料比）

1kg混合精料CP含量=（产1kg奶CP需要量×日产奶量）÷（日产奶量÷奶料比）

例如：计划日产奶量20kg（含脂3.5%）、奶料比2.5∶1，已知产1kg含脂3.5%的奶需NND 0.93个、CP 80g。则：

1kg混合精料NND含量=（0.93×20）÷（20÷2.5）≈2.3个

1kg混合精料CP含量=（80×20）÷（20÷2.5）=200g

②根据混合精料NND和CP含量及计划选用精饲料品种的NND和CP含量，确定各种精饲料品种在混合精料中所占比例。最后用矿物质和动物源性饲料调整混合精料中的钙、磷含量。可用代数法进行计算。

例如：选用玉米、麸皮、豆饼组成混合精料，已知1kg玉米、麸皮、豆饼的NND含量分别为2.28个、1.91个、2.6个，CP含量分别为86g、144g、418g。设X、Y、Z分别为玉米、麸皮、豆饼在1kg混合精料中的比例，可列出三元一次方程组：

$$\begin{cases} X+Y+Z=1 \\ 2.28X+1.91Y+2.6Z=2.3 \\ 86X+144Y+418Z=200 \end{cases}$$

解三元一次方程得：

$X=0.48(48\%)$，$Y=0.21(21\%)$，$Z=0.31(31\%)$

从而可确定在混合精料中玉米占48%、麸皮占21%、豆饼占31%。由于计划头日产奶20kg，奶料比2.5∶1，因此以上混合精料的头日喂量为8kg（计划头日产奶量20÷奶料比2.5）。

（3）日粮配合试差法。采用试差法配合日粮的步骤：

①根据奶牛的体重、产奶量、乳脂率，查奶牛饲养标准中的维持营养需要表和产奶营养需要表，确定日粮干物质、产奶净能（或奶牛能量单位）、粗蛋白（或可消化粗蛋白、小肠可消化粗蛋白）、钙和磷的维持需要量、产奶需要量及维持产奶合计的营养需要量。

②根据准备采用的饲料品种，查奶牛饲养标准中的常用饲料成分与营养价值表，确定各种选用饲料的干物质、产奶净能（或奶牛能量单位）、粗蛋白（或可消化粗蛋白、小肠可消化粗蛋白）、粗纤维、钙和磷的含量。

③根据牛群的一般采食量，先确定粗饲料（干草、秸秆、青贮、青绿饲料）、多汁饲料、糟粕料的日粮组成及日饲喂量，然后计算出这些饲料的干物质、产奶净能（或奶牛能量单位）、粗蛋白（或可消化粗蛋白、小肠可消化粗蛋白）、粗纤维、钙和磷的进食量，并与维持产奶合计营养需要量对比，差额部分由混合精料补齐。

④根据混合精料干物质、产奶净能（或奶牛能量单位）、粗蛋白（或可消化粗蛋白、小肠可消化粗蛋白）、粗纤维、钙和磷的含量，确定能补足以上各种营养成分需要的混合精料喂量。混合精料的配方可按照产奶营养需要预先制订，也可根据营养成分的差额临时制订。混合精料一般由玉米、麸皮、饼粕类、动物源

性饲料（如鱼粉）、矿物质饲料（石粉、骨粉、食盐）、添加剂（维生素、微量元素）和瘤胃缓冲剂（碳酸氢钠）组成。按照先后满足能量、粗蛋白、钙、磷的顺序确定混合精料的组成。能量来源以玉米、麸皮为主，粗蛋白补充以饼粕类、鱼粉为主，钙、磷补充以矿物质为主。

⑤最后检查日粮的干物质、能量、粗蛋白、钙、磷是否满足维持产奶的营养需要量。并检查干物质中粗纤维含量、精粗干物质比、草贮干物质比、钙磷比是否符合日粮配合原则的要求。

七、TMR 饲喂设备

TMR 是全混合日粮英文 total mixed rations 的简称，是一种将粗饲料、精饲料、矿物质、维生素和其他添加剂充分混合，能够提供足够的营养以满足奶牛需要的饲养技术。TMR 在配套技术措施和性能优良的 TMR 机械的基础上能够保证奶牛每采食一口日粮都是精粗比例稳定、营养浓度一致的全价日粮。目前，这种成熟的奶牛饲喂技术在以色列、美国、意大利、加拿大等国已经普遍使用，我国正在逐渐推广使用。

奶牛养殖的方式在逐渐向规模化、集约化方向转化，大多数城郊农村奶牛养殖向着规模化养殖发展。但是，规模化养殖也带来一些问题：一是饲喂奶牛的劳动强度大；二是不同阶段奶牛要求不同营养水平的日粮，传统的日粮配制工艺难以达到奶牛营养浓度的理论要求，尤其是微量元素和维生素，很难达到均匀一致。人工添加精饲料的饲喂法加剧了这种误差，采食微量元素或维生素多的奶牛可能引起中毒，采食少的可能引起缺乏症，严重的甚至引起不孕不育等疾病；三是奶牛疾病发生率高，人工饲喂精饲料集中饲喂，容易造成个别奶牛采食过量精饲料，导致瘤胃酸中毒、真胃移位等消化道疾病及代谢疾病，而精饲料采食不足的奶牛则影响奶牛正常生产性能的发挥；四是由于饲料传统加工工艺的缺陷，容易造成奶牛挑食，一方面奶牛所食饲料不能满足生产需要，另一方面造成部分饲料浪费，TMR 技术的出现使以上问题迎刃而解。

1. TMR 饲喂优点

（1）可提高奶牛产奶量。多所大学研究表明，饲喂 TMR 的奶牛每千克日粮干物质能多产 5%～8%的奶；即使奶产量达到每年 9t，仍然能有 6.9%～10%奶产量的增长。

（2）增加奶牛干物质的采食量。TMR 技术将粗饲料切短后再与精饲料混合，这样物料在物理空间上产生了互补作用，从而增加了奶牛干物质的采食量。在性能优良的 TMR 机械充分混合的情况下，完全可以排除奶牛对某一特殊饲料的选择性（挑食），因此有利于最大限度地利用最低成本的饲料配方。同时，TMR 是按日粮中规定的比例完全混合的，减少了偶然发生的微量元素、维生素的缺乏或中毒现象。

（3）提高牛奶质量。粗饲料、精饲料和其他饲料均匀地混合后，被奶牛统一采食，减少了瘤胃 pH 波动，从而保持瘤胃 pH 稳定，为瘤胃微生物创造了一个良好的生存环境，促进微生物的生长、繁殖，提高微生物的活性和蛋白质的合成率。饲料营养的转化率（消化、吸收）提高了，奶牛采食次数增加，奶牛消化紊乱减少和乳脂含量显著增加。

（4）降低奶牛疾病发生率。瘤胃健康是奶牛健康的保证，使用 TMR 后能预防营养代谢紊乱，减少真胃移位、酮血症、产褥热、酸中毒等营养代谢病的发生。

（5）提高奶牛繁殖率。泌乳高峰期的奶牛采食 TMR，可以在保证不降低乳脂率的情况下，维持奶牛健康体况，有利于提高奶牛受胎率及繁殖率。

（6）节省饲料成本。TMR 使奶牛不能挑食，营养素能够被奶牛有效利用，与传统饲喂模式相比，饲料转化率可增加 4%（Brian P，1994）；TMR 的充分调制还能够掩盖饲料中适口性较差但价格低廉的工业副产品或添加剂的不良影响，为此每年可以节约饲料成本数万元。

(7) 大大节约劳力时间。采用 TMR 后，饲养工不需要将精饲料、粗饲料和其他饲料分道发放，只要将料送到即可；采用 TMR 后管理轻松，降低管理成本。

2. TMR 饲喂缺点 同一群牛得到相同的日粮，无法实行个体饲养管理。由于按群饲喂，同群牛在产奶量和体重上必须尽可能一致。同群牛若产奶量差异较大（7kg）或体重体况差异较大，就可能导致饲料转化率下降，造成奶牛采食不足或采食过量。

3. TMR 设备标准配置及性能特点

(1) 搅拌仓。高强度材质制作以保证使用寿命。开放式装料设计方便各种草捆直接整包装入，混合和剪切的过程没有任何死角或阻止饲料流动的部件，从而保证了饲料不被压碎，获得最佳饲喂质量。

(2) 仓底。特质钢材板料仓底，既满足了整体强度，又提高了耐磨性。在长期经受较高压力的情况下，充分保证了具有与整机相对应的使用寿命和搅拌仓的平稳性，从而获得更优质的搅拌饲料。

(3) 防溢圈。搅拌仓顶部增加防溢圈，可防止搅拌时物料外翻，从而提高了搅拌效率。

(4) 独立螺旋状绞龙。绞龙叶片经过滚压硬化处理，可托起更多的物料进行循环搅拌，特殊角度的设计具备自动完全的清料功能。

(5) 行星齿轮驱动增加了设备的可靠性和效率（采用两级变速箱，从而实现低转速高扭矩的一种动力传动，价格远高于一级变速箱）。

(6) 绞龙中央润滑系统。利用透明的润滑油箱装置，可直接观察润滑油位，方便及时加油，从而延长了设备的使用寿命。

(7) 两个可调节的助切刀能有效控制切割草料的长度。

(8) 电动液压装置。通过一个双动力的牵引阀门来实现操作卸料门的开启。液压装置操作安全可靠。一体式液压装置便于维护保养，加油方便。

（9）液压卸料门。可根据用户需要调节门开启的大小，用户不需要继续卸料时，可随时关闭卸料门，搅拌仓里的物料不会外泄，保证物料完全使用。

（10）观察踏梯。牢固可靠，方便观察搅拌仓里的情况。

4. TMR 设备分类

（1）按类别分为自行走式、牵引式、固定式。

（2）按形状分为立式、卧式。

（3）绞龙结构有卧式双绞龙、卧式多绞龙、立式单绞龙、立式多绞龙。

（4）绞龙形状有柱型、圣诞树型。

（5）出料装置有单侧门、双侧门。

5. TMR 设备的市场应用与反应

（1）TMR 加工时，秉持先长后短、先干后湿的原则。这样很好地保证了饲料的均匀度和长度，避免过细或过长。牧场的长草和草捆一般不做预处理，打开后打散了即可投入搅拌车。

（2）牧场的称重系统误差一般控制在 1%以内。目前暂时没有相关软件关联。现在是通过人工监控 TMR 添加的重量，根据配方单子上列出的各种原料，随时抽查。根据搅拌车上添加的原料在称重显示器所显示的数量与配方单子上的数量对比，误差控制在 2%以内。TMR 要求搅拌均匀，水分、粒度合适。

6. TMR 车主要优缺点

（1）卧式 TMR 车的总高度较低，便于添加饲料，对于黄贮和干玉米秸等木质素含量高的饲料切割效果更好。缺点：会对优质粗饲料造成结构性破坏；反复揉压饲料造成饲料发热，微量元素流失；不宜直接添加整捆草料；搅拌仓磨损大；使用年限较低；更多传动结构，故障点更多；能耗更高，运行费用更高。

（2）立式 TMR 车则能更柔和地处理粗饲料，不会直接损伤粗饲料纤维，搅拌仓仓体磨损也更少，延长使用寿命。而且可以直接添加大圆捆、方捆草料，能耗更低，搅拌效率高，结构更简单。所以，保养简便，费用低，易损件更少。缺点是设备总高度较高，添加饲料时对设备要求更高；对于黄贮和干玉米秸等木质素含量高的饲料切割效果差，而且价格更高。

（3）固定式 TMR 车采用电机驱动，能耗费用较低，设备使用率较高，可以选择更大的型号；对老旧的牛舍饲喂通道无要求；日常运行费用较低。但需要建设搅拌中心，初期投入较高；需要再购买喂料设备；卸料提升时，对搅拌好的饲料有二次筛分破坏；劳动力投入较多。

（4）牵引式采用拖拉机或自身牵引，移动灵活；能独立完成搅拌、运输和饲喂，无须其他设备辅助；劳动力投入较少；搅拌好的饲料即可饲喂，无二次筛分。但牵引式需要高性能牵引设备和更高素质的设备操作人员，而且燃料全为柴油，能耗较高。另外，要求牛舍饲喂通道足够宽，空间足够高。

7. TMR 设备选择

（1）坚固耐用，操作简单。对于牛场来说，每天都必须使用 TMR，所以可靠性最为重要。如果设备经常出现故障或停机，对于奶牛场来说，就不只是奶产量的问题了，进而奶牛也容易出现疾病，对于奶牛场管理就不方便了。

（2）饲料搅拌均匀。搅拌机必须把精粗饲料搅拌十分均匀，因此，要求搅拌机不能有“死角”。饲料的运动至少有两个方向（如垂直和水平、垂直和圆形等）。

（3）有效地切断而又不过度切碎饲草，搅拌机必须能将饲草切成所需的长度，而不是将饲草磨断。同时，又不能过度切碎饲草，以利于奶牛的反刍。

（4）极佳的适口性。为保证适口性，饲料必须蓬松，不被挤压。因此，饲料搅拌机必须能快速切断纤维性饲草而避免搅拌过度。

（5）能够处理各类配方的饲料。中国地域广大，各个地区采用的配方不尽相同，饲料的来源各异。即使同一个牛场，每年采购的饲料也可能不同。所以，要求 TMR 搅拌机的适应能力要强。

（6）称重准确。为获得准确的配方，更好地管理饲料库存和减小饲料的浪费，饲料搅拌车的称重装置必须准确、显示清晰、操作简单。

（7）卸料均匀。为使每头奶牛获得最大的采食量，卸入料槽的饲料必须均匀一致。

8. TMR 饲喂技术要点

（1）牛群分群。牛群分群的日粮是将营养需要相近的一群牛分在一栏，饲喂同一种 TMR。合理的分群对保证奶牛健康、提高产奶量、提高饲料转化率、控制饲料成本都非常必要。按产奶阶段可分为早期、后期，按胎次可分为头胎牛和经产牛，按生产阶段分为干奶期（前、后期）、围产期和产奶期。牛场因规模不同，牛舍结构不同，可以根据实际管理的可行性进行合理分群。要定期（一般为 1 个月左右）对个体的产奶量、乳成分、体况进行检测评定，及时调整牛群。但也不宜过于频繁，以减少牛群频繁分群造成应激反应。某 500～600 头存栏奶牛的分群饲养方案见表 5-8。

表 5-8　某 500～600 头存栏奶牛的分群饲养方案

牛　　群	饲养方案
高产牛群 头胎产奶牛	高产 TMR
低产牛群 过渡牛群（产前或产后 1 周）	低产 TMR
干奶牛、怀孕后期育成牛	TMR（精饲料、青贮、部分干草），干草自由采食

（续）

牛　　群	饲养方案
育成牛、犊牛	TMR（精饲料、青贮、部分干草），干草自由采食
哺乳犊牛	定量喂奶，开食料、水自由采食

（2）各个饲养期饲养要点。

①围产前期（奶牛临产前2周以内）。奶牛的干物质采食量下降，但由于胎儿的生长发育和接近产犊泌乳，此时使用具有一定营养浓度的围产期TMR，促进在干奶期萎缩的瘤胃、乳头恢复功能，以便适应即将来临的高精料比例日粮，保持瘤胃功能正常发挥。

②围产后期（产后2周以内）。新产牛采食量继续下降，但营养需要较高，此时期饲养目标是提高奶牛的干物质采食量，同时保证瘤胃健康，降低代谢疾病的发生。

③高产期。泌乳初期由于产奶峰值产量出现在产后40～60d，但干物质采食量到产后70～90d才恢复到最大。因此，此阶段奶牛处于能量负平衡即入不敷出，表现为产后体重下降。此时应提高干物质采食量，减少产后失重，提高产奶量，延长产奶高峰持续期，减少发生代谢疾病，促进产后发情。有效纤维指能够有效刺激奶牛反刍的长纤维，一般认为纤维长度在2cm以上的粗料纤维。

④低产群（泌乳后期群）。逐步增大粗饲料供给，保持适宜的体况，在停奶前体况评分达到3.5～3.75分。体况评分是评定奶牛体膘状况的评定系统，1分为消瘦，5分为肥胖。

⑤干奶期。日粮目标维持奶牛的体况评分达3.5～3.75分，做到不减不增，日粮以粗饲料为主。

（3）日常TMR配制和管理。

①注意饲料干物质变化。TMR必须保持一定的水分

(50%～55%)，偏湿或偏干的日粮都会限制奶牛的采食量，TMR过干，粉料不能很好地附着粗饲料，易造成奶牛挑食；过湿易造成奶牛干物质采食量不足。为了保证TMR的水分正常，所以必须经常对饲料原料（如啤酒糟、青贮玉米等）进行水分测定。水分测定可以用专门的饲料水分测定仪或者使用家用的微波炉进行水分测定，还要注意气候的变化对饲料水分的影响（如雨天对青贮饲料的影响）。

②准确知道每天每群的牛头数。牛群牛头数一旦变更，应及时变更TMR数量，使每头牛都能吃到合适数量的饲料。

③对TMR的数量进行调节。奶牛采食量每天是不一样的，天气条件和环境温湿度对奶牛采食量影响很大。每天监测奶牛剩余TMR饲料的数量，对TMR的数量进行调节。

④TMR搅拌车加料顺序。卧式混合机一般先加入谷物或混合精料，然后是青贮饲料，最后是干草。干草在加入之前最好先粗铡。立式混合机一般先加入干草，然后是谷物或精料，最后是青贮饲料。

⑤搅拌时间的控制。一般来说，在最后一种饲料加入后搅拌混合5min就可以均匀，立式混合机时间需要稍短些。如果TMR过度搅拌，TMR饲料过细，不能留下长纤维；反之，易造成奶牛挑食，都可导致瘤胃功能失调和酸中毒。美国宾夕法尼亚大学研究者发明了一种简便的、可在牛场用来估计日粮粒度大小的专用筛，它有两个抽屉式筛子和底盘组成。上筛孔径1.9cm，下筛孔径0.79cm，通过筛分TMR，计算各层余下的重量，判断日粮粒度是否合理。

⑥投料次数和时间。一般可投料2～3次，考虑到人工成本，冬季也可投料一次。投料最好是在奶牛挤奶后返回牛舍时，这样奶牛站立采食，在奶牛卧倒之前让乳房干燥，乳头管收缩闭合。

⑦勤推饲料。每天应当经常把TMR推向牛颈枷方向，牛首先采食最靠近自己的饲料，只能把头伸向牛颈枷外约72cm处，

所以必须经常把饲料推向牛头方向。每天至少 6 次，促进奶牛采食。

⑧观察 TMR 饲料是否受到挑拣。制作 TMR 目的是防止奶牛挑食，而奶牛的目的正好相反，努力地挑食其最喜欢的饲料。TMR 越干燥，奶牛越容易挑食。TMR 的水分控制在 50%～55%，每天多次发料、频繁推料都有助于减缓奶牛挑食问题。

⑨观察剩料。如果剩料的长纤维饲料明显过多，应当把长纤维切得短些（增加搅拌时间）。

⑩校正搅拌车的磅秤。每 3 个月对搅拌车磅秤进行校正，保证 TMR 的准确性。以满载 1/3 或 2/3 负荷的情况下，检测磅秤的准确性。可以在 3 种负荷情况下，每个角落放置已知重量的物体（如饲料包 25～50kg），以检测搅拌车称量的准确性。

第六章 蛋鸡的精准饲喂技术

精准饲喂是为了实现安全、优质和有效的生产，确保在既定的条件下以及考虑具体的生产目标的同时对环境产生最少的影响，从而尽可能准确地满足动物对养分需要的饲喂实践。不同的生产目标主要由经济因素决定，同时受立法、环境、动物福利、消费者需求、动物健康、劳动力的可用性或其他外部因素的影响。另外，在特定生产阶段中，具体生产目标对养分需要的精准测定将有助于为动物个体或群体提供必需的养分以及对采食量的监测。这给最优地使用一个群体动物中动物的差异或为这样的差异进行补偿提供了良机。因此，为应对动物和农场条件差异问题，农场迅速地适应养分供应将会促进利润的提高，并减少给环境带来的压力。

严格按照要求进行畜禽的饲喂值得关注，原因主要有以下 3 点：第一，饲料是养殖企业最大的成本构成。因此，严格按照要求进行饲喂会降低饲料成本。第二，动物通常都是成群进行饲喂的。因此，需要有一个安全限度来确保动物能够足量获得每一种养分。此举会导致过量养分最终通过粪便排出，对环境带来压力。第三，太高水平的养分会对动物（肠道）健康造成消极影响。这可能会增加抗生素的使用，而某些抗生素是必须要避免的。因此，掌握饲料和营养及其对成本、健康和环境的影响是非常重要的。

另外，传感器技术在畜禽养殖中的使用非常迅速。对采食量、生长率、健康等的监测将会帮助养殖企业进行动物群的管理。精准养殖尤其是精准饲喂，会帮助养殖企业进行效益的优化，对动物的健康、福祉和环境产生积极影响。

第一节 精准饲喂技术的构成

以信息感知为基础，在构建基于环境、营养、生理与生产调控模型的基础上，将畜牧业领域知识与养殖设备结合起来，形成针对不同畜禽的精准饲喂的理论与管控技术，将大大提高养殖动物的效率，对畜牧业的健康、可持续发展有极大的促进作用。

精准饲喂，不是简单地节省人力，而是根据畜禽种类的不同进行有针对性的管理，形成针对不同畜禽的精准饲喂理论与管控技术，从而提高动物养殖效率。世界上畜牧业发达国家的畜禽养殖，已经以信息感知为基础，在构建基于环境、营养、生理与生产调控模型的基础上，将畜牧业领域知识与养殖设备结合起来，形成针对不同畜禽的精准饲喂的理论与管控技术，大大提高了养殖动物的效率，促进了养殖业的健康、可持续发展。

我国在畜禽的精细饲喂管控方面取得了一定成果，在国际上具有一定地位，但未能形成面向产业应用的商业化产品。

中国农业科学院北京畜牧兽医研究所自主研发了用于畜禽定位的 RFID 标签，可以实现牛、猪等动物的个体识别和追溯，研发的猪及奶牛的发情监测装置、几个母猪个体的智能饲喂系统均获得了发明及新型专利。中国农业大学等团队研制了基于 CCD 相机、深度相机和双目视觉的动物行为监测系统，通过多元图像信息解析动物的行为、健康状态等，研制了系列化传感设备并建立了声音信息数据库，在国际上具有一定的特色。

北京农业智能装备技术研究中心研制了一种小型化的高精度热成像设备，以非接触方式测量群体动物体温，从而实现个体发热的甄别和筛查。在畜禽舍有害气体和粉尘传感方面，北京农业智能装备技术研究中心开展了包括硫化氢、氨气、二氧化碳、粉尘在内的多种污染物的光学监测方法研究，初步实现了污染物的远距离、非接触和精确测量。

我国主要畜禽的精细饲喂管控现状与养殖发达国家比较，所反映出的问题有 3 个方面：一是饲养管理粗放、潜在的遗传特性没有表现出来。例如，我国繁殖母猪的生产力（PSY）仅为15～16，落后于养殖发达国家的 25～30。二是精细化饲喂管控的理论研究薄弱，实际应用面更少，导致总体上饲料转化效率低下。例如，我国目前泌乳母牛的饲料转化率仅为美国的 60%～70%，年产奶水平仅为美国的 63.7%（2015 年），奶牛的可利用胎次相比少 2～3 胎。三是因为对畜禽体况的健康识别落后，对养殖舒适环境的控制与健康维护水平低，导致养殖动物的死淘率高，并加剧恶化养殖周边环境，最终影响养殖行业的整体效率与效益，成为限制行业发展的瓶颈。

针对上述突出问题，在国家重点研发计划智能农机装备专项中设立了“信息感知与动物精细养殖管控机理研究”项目。该项目由中国农业科学院北京畜牧兽医研究所牵头组织实施，参加单位包括中国农业大学、浙江大学、北京农学院、北京农业智能装备技术研究中心、中国科学院亚热带农业生态研究所、中国农业机械化科学研究院、中粮集团等 12 家单位。其以感知动物的体况及养殖生态指标体系的数字化表征研究为切入点，创新性研究具有体积小、成本低廉、对环境的适应性强的新一代感知畜禽生理、生长及生态指标的、高可靠性的传感器产品及感知嵌入式系统，并构建畜禽养殖环境的智能控制技术与系统；研究基于信息感知与农艺结合的动物精细养殖的管控理论并建立数字化操作平台，实现动物精准饲喂与精准管理，以期实现规模化养殖场生产管理成本的最小化、养殖效益与环境效益的最大化，为促进养殖业的健康与可持续发展提供基础理论与关键技术的支撑。

信息感知与动物精细养殖管控将是我国在畜禽动物营养科学上迈出的一大步。通过畜禽精细化饲喂与管控的机理，从生理、生长及生态 3 个方面，进一步用数字化表征指标表达基础研究的数据元、获得的基本原理与方法，将过去停留在定性描述上的指标转变为定量描述指标，并通过基于大量文献数据的元数据分析，结合标准化的、目的明确的动物试验研究数据，第一次从应用基础研究方面系统构建了主要畜禽动物生长调控模型，系统填补了我国动物营养甚至国际动物营养研究在生产上的一些空白，为传统描述性的动物营养学向现代动物计量营养学迈进了一大步。

信息感知与动物精细养殖管控的实施对我国精准饲喂技术有着巨大的促进作用。将环境控制技术、设备制造技术与计算机有线及无线远程控制技术融为一体，改变传统人工凭经验的粗放饲喂为基于现场动物信息及环境信息感知为基础的变量精准饲喂，是饲喂技术的集成创新及饲喂方式的现代化。不仅促进传统的纯机械设备的研制向具有感知与接受信息或数据控制的智能机械的转型升级，而且无疑是对传统畜牧业养殖设备制造理论与技术的突破，将会为养殖业带来可观的经济效益，确保我国养殖业健康、可持续发展。

基于环境控制与饲喂设备的智能化应用，主要通过节省饲喂投入品（饲料的用量和劳动力）来提高经济效益。经测算，一只蛋鸡一年可产生综合效益 20 元左右，一只肉鸡一个饲喂周期可产生综合效益 5 元左右，对大型家禽养殖场的效益明显。

第二节　现代化蛋鸡舍养殖设备

一、场址选择

1. 场址选择应符合本地区农牧业生产发展的总体规划、土地利用发展规划、城乡建设发展规划和环境保护发展规划的要求，不得建在自然环境污染严重的地区。

2. 选择地势高燥、交通便利、水电供应可靠、便于排污、隔离条件好的地方建场。

3. 鸡场应位于居民区当地常年主风向下风处，畜禽屠宰厂、交易市场的上风向。鸡场距离动物隔离场所、无害化处理场所 3 000m 以上；距离城镇居民区、文化教育科研等人群集中区域及公路、铁路等主要交通干线1 000m 以上；距离生活饮用水源地、动物屠宰加工场所、动物和动物产品集贸市场 500m 以上。

4. 禁止在生活饮用水水源保护区、风景名胜区、自然保护区、旅游区和环境污染的地方建场。

5. 水源充足，水质应符合畜禽饮用水标准要求。

二、场区布局

1. 场区周围设有围墙或绿化隔离带。

2. 应严格执行生产区与行政管理区、生活区相隔离的原则，净道、污道分开，互不交叉，并设隔离区，另设病害肉尸体及其产品无害化处理区。管理区、生活区设在上风向，病害肉尸体及其产品无害化处理区设在下风向。

3. 生产区下风处应设有鸡粪堆放池和污水沉淀池。

4. 行政管理区、生活区 作为担负鸡场经营管理和对外联系的场区，应设在与外界联系方便的位置。大门前设车辆消毒池，两侧设门卫和消毒更衣室。

5. 生产区 包括各种鸡舍，是鸡场的核心。鸡舍的布局应根据主风向与地势来定，鸡舍群一般采取横向成排（东西）、纵向成列（南北）的行列式，即各鸡舍应平行整齐呈梳状排列，不能相交。鸡舍群的排列要根据场地形状、鸡舍的数量和每幢鸡舍的长度，酌情布置为单列、双列或多列式。鸡舍应采取南向或稍偏西南或偏东南为宜，冬季有利于防寒保温，而夏季有利于防暑。鸡舍间距应是檐高的 3～5 倍，开放式鸡舍应为 5 倍，封闭式鸡舍一般为 3 倍。按下列顺序设置：幼雏舍、中雏舍、后备鸡舍、成鸡舍。幼雏舍在上风向，成鸡舍在下风向。育雏区与成年鸡区应隔一定的距离以防止交叉感染。育雏、育成鸡舍与成年鸡舍的间距要大于成年鸡舍的间距，并设沟、渠、墙或绿化带等隔离障。

6. 隔离区 包括病死鸡隔离、剖检、化验、处理等房舍和设施、粪便污水处理及储存设施等。该区应设在全场的下风向和地势最低处，且与其他两区的卫生间距不小于50m。

7. 场区道路 生产区的道路应有净道和污道。净道用于生产联系和运送饲料、产品，污道用于运送粪便污物和死鸡。场外的道路不能与生产区的道路直接相通。场内道路应不透水，材料可视具体条件选择柏油、混凝土、砖、石或焦渣等，路面坡度为1%～3%。道路宽度根据用途和车宽决定，两侧应留绿化和排水明沟位置。

8. 场区排水 在道路一侧或两侧设明沟，沟壁、沟底可砌砖、石，也可将土夯实做成梯形或三角形断面，再结合绿化护坡，以防塌陷。隔离区要有单独的下水道将污水排至场外的污水处理设施。

9. 场区绿化 包括防风林、隔离林、行道绿化、遮阳绿化、绿地等。防风林应设在冬季主风的上风向，沿围墙内外设置，最好是落叶树和常绿树搭配、高矮树种搭配，植树密度可稍大些。隔离林设在各区之间及围墙内外，可选择树干高、树冠大的乔木。对道路两旁和排水沟边进行绿化。对于鸡舍南侧和西侧进行遮阳绿化，起到为鸡舍墙、屋顶、门窗遮阳的作用。绿地绿化可植树、种花、种草，也可种植有饲用价值或经济价值的植物，如果树、苜蓿、草坪、草皮等。

三、消毒设施

1. 鸡场入口设有消毒池，消毒池长度为进场大型车车轮周长的一周半，宽与门相适应，消毒液的深度能保证入场车辆所有车轮外沿充分浸在消毒液中。

2. 生产区门口应有行人消毒池和更衣换鞋消毒室（屋顶和两侧墙面有紫外线灯），供进入生产区人员消毒。

3. 每栋鸡舍入口处应设置消毒池，供进入鸡舍人员消毒。

4. 鸡舍应设置防护网，防止飞禽进入鸡舍。

四、鸡舍建筑构造

1. 产蛋鸡舍　坐北朝南，长80m，跨度8m，双坡式屋顶结构，屋顶密封不设窗，顶层加保温隔热层，建筑外檐高3.6m，侧墙开窗，墙体厚370mm加保温隔热层，墙体表面的内外均有水泥、白灰抹面。前端工作道（净道端）宽3m，尾端工作道（污道端）宽2m，笼具间走道宽1.0m。两列三走道，4层阶梯笼，每列28组，共84组，单列笼长75m，鸡笼架跨度2.4m，单栋饲养量可达10 080只。鸡舍净道端外部的南侧设料塔，北侧设储蛋间，每间耳房各$9m^2$；鸡舍污道端外部设粪沟，长8m，宽1.5m，深1m，舍内粪沟深40～60cm。

2. 育雏育成舍　坐北朝南，每栋鸡舍长45m，跨度8m，双坡式屋顶结构，屋顶密封设窗，顶层加保温隔热层，内部吊顶，舍内地面距离吊顶2.7m，建筑外檐高3.6m，侧墙设紧急通风口，为全封闭式，墙体厚370mm加保温隔热层，墙体表面的内外均有水泥、白灰抹面。前端工作道（净道端）宽3m，尾端工作道（污道端）宽2m，笼具间走道宽1m。两列三走道，每列20组笼具，共60组，单列笼长40m，鸡笼架跨度2.4m，单栋饲养量可达10 800只。

3. 产蛋鸡笼　9LDT-1120型4层阶梯式牵引行车喂料蛋鸡笼，整组笼具规格（长×宽×高）为75m×2.4m×1.9m，每组笼具8个单笼，每组鸡笼的饲养量为120只。每条单笼包括5个门，每门可养殖3只鸡，每只鸡占$157cm^2$。

4. 育雏鸡笼　选用9WCD-3180型3层阶梯式牵引行车喂料育雏。

5. 育成笼 整组笼具规格（长×宽×高）为 40m×2.4m×1.995m，每组笼具 8 个单笼，每组鸡笼的饲养量为 180 只。每条单笼包括 3 个门，每门可养殖 10 只鸡。

五、建筑类型

有窗可封闭式鸡舍。这种鸡舍在南北两侧壁设窗作为进风口，通过开窗机来调节窗的开启程度。气候温和的季节依靠自然通风；在气候不利时，则关闭南北两侧大窗，开启一侧山墙的进风口，并开动另一侧山墙上的风机进行纵向通风。

六、各种鸡舍的建造要求

1. 育成鸡舍 为 7～20 周龄鸡专用，此时鸡舍应有足够的活动面积以保证鸡的生长发育，而且通风良好、坚固耐用、便于操作管理。有窗半封闭式和封闭式鸡舍均可选择。有窗半封闭式育成鸡舍一般高 3～3.5m，宽 6～9m，长度 60m 以内。封闭式育成鸡舍跨度 9～12m，长度 60～100m，山墙装备排风扇，采用纵向通风。平养鸡只直接养在铺有垫料的地面，笼养时，可依采取两列三走道或两列两走道、三列四走道或三列三走道等。

2. 产蛋鸡舍 用于饲养 20 周龄直至淘汰的蛋鸡。要求坚固耐用、操作方便、内部环境好。采用密闭、开放均可，也可平养或笼养。鸡笼养时，可依采取两列三走道或两列两走道、三列四走道或三列三走道等。结构可参照育成鸡舍。

七、供料设备

包括供料机械和食槽。大型养鸡场供料系统实行机械化，供料机械都配有食槽。塞盘式喂料机适于输送干粉全价饲料。9WS-35 型塞盘式喂料机由传动装置、料箱、输送部件、食槽、转角器、支架等部件组成。

八、饮水设备

乳头式饮水器系用钢或不锈钢制造，由带螺纹的钢（铜）管和顶针开关阀组成，可直接装在水管上，利用重力和毛细管作用控制水滴，使顶针端部经常悬着一滴水。鸡需水时，触动顶针，水即流出；饮毕，顶针阀又将水路封住，不再外流。乳头式饮水器有雏鸡用和成鸡用两种。每个饮水器可供10～20只雏鸡或3～5只成鸡饮用。乳头式饮水器可用于平养和笼养。

九、粪便处理

1. 清粪设备、取暖设备、光照设备、通风设备等，根据各场实际情况进行选择。

2. 有固定的鸡粪储存、堆放设施和场所，储存场所有防雨、防粪液渗漏、溢流措施。

3. 采取堆积发酵处理。将粪便堆积起来，上层覆盖10cm厚的土封闭，经过10～15d的发酵，用于农作物施肥。

4. 采取晾晒、烘干等方法，使鸡粪干燥，用于花卉、果树、蔬菜、农作物等追肥使用。

第三节　蛋鸡饲养管理技术

一、蛋鸡饲养管理

1. 育雏期饲养管理（0～6周龄）　雏鸡在0～6周龄这段时间为育雏期。其饲养管理总的要求是根据雏鸡生理特点和生活习性，采用科学的饲养管理措施，创造良好的环境，以满足雏鸡的生理要求，严格防止各种疾病发生，提高成活率。

（1）雏鸡的生理特点。

①体温调节机能差。雏鸡绒毛稀短、皮薄、皮下脂肪少，保温能力差。其体温调节机能在2周龄后才逐渐趋于完善。维持适

宜的育雏温度，对雏鸡的健康和正常发育是至关重要的。

②生长发育迅速，代谢旺盛。雏鸡 1 周龄体重约为出生重的 2 倍；6 周龄时约为出生重的 15 倍；其前期生长发育迅速，在营养上要充分满足其需要。由于生长迅速，雏鸡的代谢很旺盛，单位体重耗氧量是成鸡的 3 倍。在管理上必须满足对新鲜空气的需要。

③消化器官容积小、消化能力弱。雏鸡消化器官还处于发育阶段，进食量有限，消化酶分泌能力不太健全，消化能力差。所以，配制雏鸡料时，必须选用质量好、易消化、营养水平高的全价饲料。

④抗病力差。雏鸡由于对外界的适应力差，对各种疾病的抵抗力也弱，在饲养管理上稍有疏忽即有可能患病。30 日龄之内雏鸡的免疫机能还未发育完善，虽经多次免疫，自身产生的抗体还难以抵抗强的病原微生物侵袭。因此，必须为其创造一个适宜的环境。

⑤敏感性强。雏鸡不仅对环境变化很敏感，而且由于生长迅速，对一些营养素的缺乏和一些药物与霉菌等有毒有害物质的反应也很敏感。所以，应注意环境控制和饲料的选择以及用药的慎重。

⑥群居性强、胆小。雏鸡胆小，缺乏自卫能力，喜欢群居。比较神经质，对外界的异常刺激非常敏感，易引起混乱炸群，影响正常的生长发育和抗病能力。所以，需要环境安静以及避免新奇的颜色，防止鼠、雀、兽等动物进入鸡舍。同时，注意其饲养密度的适宜性。

⑦初期易脱水。刚出壳的雏鸡体内含水率在 75%以上，如果在干燥的环境中存放时间过长，则很容易在呼吸过程中失去很多水分，造成脱水。育雏初期干燥的环境也会使雏鸡因呼吸失水过多而增加饮水量，影响消化机能。所以，在出生之后的存放、运输及育雏初期应注意湿度的问题，可以提高育雏成活率。

（2）管理要点。

①密度。平养：1～3 周龄为 20～30 只/m^2，4～6 周龄为 10～15 只/m^2；笼养：1～3 周龄为 50～60 只/m^2，4～6 周龄为 20～30 只/m^2，注意强弱分群饲养。

②温度。温度对于育雏开始的2～3周极为重要。刚出壳的雏鸡要求35℃，此后每5d降低1℃。在35～42日龄时，达到20～22℃。注意观察，如发现鸡倦怠、气喘、虚脱表示温度过高；如果幼鸡挤作一团、吱吱鸣叫，表示温度过低。蛋鸡各阶段适宜温度见表6-1。

表6-1 蛋鸡各阶段适宜温度

日龄	育雏温度（℃）	
	笼养	平养
1～3	33～35	35
4～7	32～33	33
8～14	31～32	31
15～21	28～30	28
22～28	25～28	25
29～35	22～25	22
36～140	17～21	17～21

③湿度。湿度过高，影响水分代谢，不利于羽毛生长，易繁殖病菌和原虫等，尤其易患球虫病；湿度过低，不仅雏鸡易患感冒，而且由于水分散发量大，影响卵黄吸收，同时引起尘埃飞扬，易诱发呼吸道疾病，严重时会导致雏鸡因脱水而死亡。适宜的相对湿度为10日龄前60%～70%，10日龄后55%～60%。湿度控制的原则是前期不能过低，后期应避免过高。

④饮水。饮水是育雏的关键，雏鸡出壳后应尽早供给饮水。在炎热的天气，尽可能提供凉水；寒冷冬季应给予不低于20℃的温水。在开始几天，水中可加入5%的糖、适量的维生素和电解质，能有效提高雏鸡的成活率。

⑤饲喂。雏鸡在进入育雏舍后先饮水，隔3～4h开食。饲喂次数在第一周每天6次，以后每周可减少1次，直到每天3次为止。尽可能选用雏鸡开食料。

⑥通风。可调节温度、湿度、空气流速，排除有害气体，保持空气新鲜，减少空气中尘埃，降低鸡的体表温度等。通风与保

温是一对矛盾，应注意观察鸡群，以鸡群的表现及舍内温度的高低来决定通风的次数与时间长短。

⑦光照。原则上第一周光照强，第二周以后避免强光照，照度以鸡能看到采食为宜。光照时间，开始第一周每天 22～24h，从第 2～8 周龄 10～12h，第 9～18 周龄 8～9h。

⑧分群。适时疏散分群，使雏鸡健康生长、减少发病，是提高成活率的一项重要措施。分群时间应根据密度、舍温等情况而定。一般是在 4 周龄时进行第一次分群，第二次应在 8 周龄时进行。具体操作时，将原饲养面积扩大 1 倍，根据强弱、大小分群。

⑨断喙与修喙。7～11 日龄是第一次断喙的最佳时间；在 8～10 周内进行修喙。在断喙前 1d 和后 1d 饮水（或饲料）中，可加入维生素 K_3，每千克水（或料）中加入约 5mg。

⑩抗体监测与疫苗免疫。应根据制定的免疫程序进行。有条件的鸡场应该在免疫以后的适当时间进行抗体监测，以掌握疫苗的免疫效果。如免疫效果不理想，应采取补救措施。

2. 育成期饲养管理（7～20 周龄） 7 周龄至产蛋前的鸡称为育成鸡。育成期总目标是要培育出具备高产能力、有维持长久高产体力的青年母鸡群。

（1）育成鸡培育目标。体重符合标准、均匀度好（85%以上）；骨骼发育良好、骨骼繁育应与体重增长相一致；具有较强的抗病能力，在产前确实做好各种免疫，保证鸡群安全度过产蛋期。

（2）雏鸡向育成鸡的过渡。

①逐步脱温。雏鸡在转入育成舍后应视天气情况给温，保证其温度在 15～22℃。

②逐渐换料。换料过渡期用 5d 左右时间，在育雏料中按比例每天增加 15%～20%育成料，直到全部换成育成料。

③调整饲养密度。平养 10～15 只/m^2，笼养 25 只/m^2。

（3）生长控制。育成期的饲养关键是培育符合标准体重的鸡群，以使其骨架充实、发育良好。因此从 8 周龄开始，每周随机抽取10%的鸡只进行称重，用平均体重与标准体重相比较。如体重低于标准，就应增加采食量和提高饲料中的能量与蛋白质的水平；如体重超过标准，可减少饲料喂量。同时，应根据体重大小进行分群饲喂，保证其均匀度。

（4）光照。总的原则是育成期宜减不宜增、宜短不宜长。以免开产期过早，影响蛋重和产蛋全期的产蛋量。封闭式鸡舍最好控制在8h，到20周龄每周递增1h，直到15～17h为止。开放式鸡舍在育成期不必补充光照。

（5）及时淘汰畸形和发育不良鸡只。

3. 产蛋期饲养管理（20周龄至淘汰）　育成鸡培育到18周龄以后，就要逐步转入产蛋期饲养管理；进入20周龄以后，就要完全按照产蛋期管理。产蛋期管理的基本要求：合理的生活环境（光照、温度、相对湿度、空气成分）、合理的饲料营养、精心的饲养管理、严格的疫病防治。为了使鸡群保持良好的健康状况，充分发挥优良品种的各种性能，必须做到科学饲养、精心管理。

（1）提供良好的产蛋环境。开产是小母鸡一生中的重大转折，产第一枚蛋是一种强刺激，应激相对大。产蛋前期生殖系统迅速发育成熟，体重仍在不断增长，产蛋率迅速上升。因此，生理应激反应非常大。由于应激使母鸡适应环境和抵抗疾病能力下降，所以应减少外界干扰、减轻应激。

（2）满足鸡的营养需要。从18周龄开始应给予高水平的产前料，从开产直到50%产蛋率时，粗蛋白应保证在15%；以后要根据不同的产蛋率，选择使用蛋鸡料，保证其产蛋所需。产蛋高峰期如果在夏季，应配制高能、高氨基酸营养水平的饲料，同时应加入抗热应激的药物。蛋鸡每天喂量3～4次，加量均匀。同时，要保证不间断供给清洁饮水。

（3）光照管理。产蛋鸡的光照应采用渐增法与恒定光照相结合的原则，光照度为3～4W/m^2，光照时间从20周龄开始，每周递增1h，直至每天17h。光照时间与强度不得随意变更。

（4）做好温度、湿度和通风管理。产蛋鸡的适宜温度为13～23℃，湿度为55％～65％。通风应根据生产实际，尽可能保证空气新鲜和流通。

（5）经常观察鸡群并做好生产记录。健康与采食情况、产蛋量、存活、死亡和淘汰、饲料消耗量等都应该详细记录。在产蛋期，应该注意经常观察鸡群，发现病鸡时应迅速进行诊断治疗。

二、蛋鸡饲料营养水平

鸡的生长、产蛋都需要一定的营养物质，而营养物质的来源主要是从饲料中摄取。鸡获得各类营养物质后，经过体内的消化、代谢活动，转变成鸡的体蛋白、氨基酸、脂肪、维生素、糖原等，进而合成为人类需求的鸡产品。

1. 蛋鸡的饲养标准 蛋鸡的营养指标有代谢能、蛋白质、氨基酸、无机盐、维生素和必需脂肪酸。这里主要列出代谢能、粗蛋白质、钙、磷、食盐以及蛋氨酸、赖氨酸需要量（表6-2）和我国蛋鸡配合饲料标准（表6-3）。在蛋鸡配合饲料标准中，产蛋后备鸡包括雏鸡、青年鸡两个阶段。

表6-2 蛋鸡各阶段营养指标

项目	雏鸡	青年鸡		产蛋鸡（产蛋率％）		
周龄	0～6	7～14	15～20	＞80	65～80	＜65
代谢能（Mcal/kg）	2.85	2.80	2.70	2.75	2.75	2.75
粗蛋白质（％）	18.0	16.0	12.0	16.5	15.0	14.0
蛋白能量比（g/Mcal）	63	57	44	60	54	51
钙（％）	0.80	0.70	0.60	3.50	3.40	3.20
总磷（％）	0.70	0.60	0.50	0.60	0.60	0.60
有效磷（％）	0.40	0.35	0.30	0.33	0.32	0.30
食盐（％）	0.37	0.37	0.37	0.37	0.37	0.37
蛋氨酸（％）	0.30	0.27	0.20	0.36	0.33	0.31
赖氨酸（％）	0.85	0.64	0.45	0.73	0.66	0.62

表 6-3 蛋鸡配合饲料标准（GB/T 5916—2004）

产品	饲喂阶段	粗蛋白质	赖氨酸	蛋氨酸	蛋氨酸+胱氨酸	粗脂肪	粗纤维	粗灰分	钙	总磷	食盐
产蛋后备鸡饲料	前期（0～8周）	≥18.0	≥0.98	≥0.37	≥0.74	≥2.5	≤5.5	≤8.0	0.90～1.20	0.60～0.80	0.30～0.80
	中期（9～18周）	≥15.0	≥0.66	≥0.27	≥0.55	≥2.5	≤6.0	≤9.0	0.80～1.10	0.54～0.80	0.30～0.80
	后期（19周至5%产蛋率）	≥17.0	≥0.70	≥0.34	≥0.64	≥2.5	≤7.0	≤10.0	2.00～2.50	0.52～0.80	0.30～0.80
产蛋期饲料	高峰期（产蛋率>85%）	≥16.5	≥0.73	≥0.34	≥0.65	≥2.5	≤5.0	≤13.0	3.30～4.00	0.52～0.80	0.30～0.80
	高峰后期（产蛋率≤85%）	≥15.5	≥0.67	≥0.32	≥0.56	≥2.5	≤6.0	≤13.0	3.50～4.00	0.50～0.80	0.30～0.80

注：1. 饲料中营养成分以86%干物质计算。2. 凡是添加植酸酶的饲料，总磷可以降低，但生产厂家应制定企业标准，在饲料标签上注明添加植酸酶并标明其添加量。3. 添加液体蛋氨酸的饲料，蛋氨酸、蛋氨酸+胱氨酸可以降低。但生产厂家应制定企业标准，在饲料标签上注明添加液体蛋氨酸并标明其添加量。

2. 选择使用蛋鸡饲料应注意的问题

(1) 在饲养蛋鸡中，若选购商品饲料时，应注意选择规模大、知名度较高的品牌，一定要按照不同生长发育和生产阶段选择，选购相对应的饲料。

(2) 育雏期最好使用颗粒全价饲料（破碎开口料）。

(3) 育成期和产蛋期可选择使用浓缩饲料。浓缩饲料应按生产厂家推荐配方加入玉米（粉碎）、麸皮充分混合均匀后使用。

(4) 在选购使用饲料时，一定要仔细阅读所购饲料标签，看营养指标是否适合、是否加入药物等。若所购饲料含有药物添加剂，一定要注意防治疫病时所用药物的配伍禁忌和使用量。

(5) 在玉米、麸皮选择使用上，一定要注意质量，切勿发霉变质。

三、鸡病综合防治

（一）近年鸡病发生的特点

1. 鸡病的种类逐渐增多 新的鸡病几乎每1～2年出现一个。从1985年开始，先后暴发了马立克氏病、传染性喉气管炎、传染性鼻炎、传染性法氏囊炎、腺胃型传染性支气管炎等，2003年还发生了高致病性禽流感。病原的毒力明显增强，如马立克氏病、传染性法氏囊炎及新城疫病的毒力都有了不同程度的增强。野毒的毒性在不断地发生变化，在近10多年里如传染性支气管炎就出现了3～4个新的血清型，传染性法氏囊炎病也出现许多亚型。因此，鸡病越加复杂，防治越来越困难。

2. 细菌性疾病的危害逐渐加大 鸡白痢、传染性鼻炎、支原体病发生不断，特别是鸡大肠杆菌病是雏鸡早期死亡、育成鸡和产蛋鸡死亡的重要原因。据调查，在一些鸡场由鸡大肠杆菌病或与此病相关所造成的死亡鸡只占死亡总数的50%以上。大肠杆菌病对产蛋鸡不仅造成死亡，还可使鸡发生肠炎、输卵管炎及腹膜炎，产蛋量急剧下降。

3. 中毒性疾病和营养代谢病日益增多　近年来，有的鸡场使用了没有脱氟的磷酸氢钙或含氟量高的骨粉引起鸡的氟中毒。当中毒时，鸡精神食欲降低，拉稀，骨质疏松易发生骨折，产蛋鸡产蛋量下降。有的鸡场使用喹乙醇造成鸡中毒，表现为鸡精神沉郁，食欲废绝，冠发黑，流涎和腹泻，严重者痉挛倒地而死，产蛋鸡产蛋量下降，种蛋孵化率下降。有的鸡场饲喂了发霉饲料，引起鸡霉菌中毒，特别是雏鸡十分敏感，表现为肺炎症状，成年鸡表现为产蛋率下降10%～20%。严重的是黄曲霉毒素中毒，雏鸡表现为食欲减退或废绝，贫血、冠苍白，黄疸，粪便稀薄带血，生长迟缓并有神经症状，母鸡产蛋量明显减少，病死率高达49%以上。在营养代谢病方面，主要以微量元素和维生素的缺乏症、脂肪肝综合征、痛风和笼养蛋鸡疲劳症的发生多见。

（二）疾病防治上存在的主要问题

1. 布局不合理，不能做到全进全出。

2. 重养轻防、轻防重治。

3. 免疫程序不科学，没有结合实际情况制定本场的免疫程序。

4. 疫苗在运输、储存、使用环节没有严格按照要求。

5. 对病死鸡、粪便没有进行无害化处理。

（三）做好综合性防治，控制疾病的发生

综合性预防措施是控制疾病的关键措施，主要包括场址的选择、鸡舍的设计、建筑及合理的布局、引进健康雏鸡、科学的饲养管理、严格的卫生消毒制度、合理的免疫接种和预防程序用药等。鸡的传染病在鸡群中蔓延流行必须具备3个相互关联的条件：一是传染源（病毒、细菌等），二是传播途径（呼吸道、消化道、传染媒介等），三是易感动物（鸡）。所以，在鸡病防治方面应采取的措施，就是根据疫病流行规律，针对以上3个条件，消除或切断3个因素的相互联系，以使疫病不再继续传播。

1. 加强饲养管理，增强鸡群抵抗力　采用全进全出的饲养

方式；不同日龄的鸡应分舍饲养或分场饲养；每批鸡出舍后，鸡舍和用具必须进行清洗、消毒、空闲，至少空闲4周再进鸡。根据不同鸡种、不同日龄，按科学的配方提供全价饲料。

2. 制定科学的免疫程序 用疫苗和菌苗对鸡群进行免疫接种，使鸡群对某种疫病产生特异的抵抗力，称为免疫。免疫是防止传染病发生的重要手段，养鸡场必须根据本场疫病的发生情况认真做好各种疫病的免疫。免疫受多种因素的影响。如疫苗的种类、疫苗的质量、疫苗的运输保存、免疫的时机、免疫的方法等，都会对免疫效果产生影响。因此，养鸡场一定要根据本场的疫情和生产情况，制订本场的免疫计划。兽医人员要有计划地对鸡群进行抗体监测，以确定免疫的最佳时机，检查免疫效果。使用的疫苗要确保质量，免疫的剂量准确，方法得当。免疫前后，要保护好鸡群，免受野毒的侵袭，要避免各种应激，对鸡群增加一些维生素E和维生素C等，以提高免疫效果。免疫的途径和常用方法有点眼、滴鼻、刺种、羽毛囊涂擦、擦肛、皮下或肌肉注射、饮水、气雾等。在生产中采用哪一种方法，应根据疫苗的种类、性质及本场的具体情况决定。表6-4给出了种鸡、商品蛋鸡建议的免疫程序。

表6-4 种鸡、商品蛋鸡建议的免疫程序

日龄	疫苗种类	接种方法	剂量	备注
1	马立克氏苗（液氮）	颈部皮下注射	0.2mL/只	
7	克隆30疫苗	滴眼	1.2头份/只	
14	法氏囊（进口）	饮水	1.5头份/只	
18	新城疫+传支（二联四价苗）	点眼	1.2头份/只	
28	法氏囊（三价）	饮水	2头份/只	
35	新城疫+法氏囊+传支多价（油苗）	肌肉注射或皮下注射	0.3mL/只	

（续）

日龄	疫苗种类	接种方法	剂量	备注
45	鸡痘	刺种	1.2头份/只	
60	传喉（进口）	点眼	1.2头份/只	
70	新城疫1系苗	肌肉注射	1.2头份/只	
90	鸡痘+脑炎	刺种	1.2头份/只	种鸡用
100	禽流感	肌肉注射	0.5mL/只	
120	新城疫+减蛋综合征+传支多价（油苗）	肌肉注射	0.5mL/只	
130	法氏囊（油苗）	肌肉注射	0.5mL/只	种鸡用

3. 药物预防　对尚无有效疫苗或免疫效果不理想的细菌病，如大肠杆菌病、鸡白痢、鸡败血支原体病或鸡球虫病等，在一定条件下采用药物预防和治疗，可收到显著效果。常用的药物种类很多，应有针对性地用药，做药敏试验，选用敏感药物。如在1～5日龄可用恩诺沙星、诺氟沙星等。用药的方法很多，常用的有拌入饲料、溶于饮水、经嘴投药、肌肉注射、体表用药、蛋内注射等。选用方法要根据饲养特点和不同的疾病而定。

4. 卫生消毒　场门口或鸡舍门口消毒：常用2%火碱溶液。鸡舍内消毒：清扫、冲洗用具、地面以及通风，用消毒液进行喷洒消毒。在进鸡前还要进行熏蒸消毒，方法是把所有的鸡舍用具移放在鸡舍内，将高锰酸钾盛于玻璃、陶瓷或金属容器中，加入等量的水，然后迅速加入福尔马林。这时，操作人员应迅速撤离并密闭鸡舍，将门窗关闭密封。一般每立方米空间用甲醛25mL、水12.5mL、高锰酸钾12.5g。在室温15～18℃、相对湿度70%条件下，消毒效果最好。经过12～24h后，方可将门窗打开通风。带鸡消毒：可选用0.3%的过氧乙酸、0.1%次氯酸钠等高效低毒的药物。一般0～6周龄每天消毒一次；6～18周龄隔日进行一次；成鸡每周进行一次。鸡舍周围环境消毒：夏季每月进行一次，冬春季每两月进行一次，药物可选用强消毒药。

四、常见鸡病防治

（一）鸡新城疫

鸡新城疫是由病毒引起的急性高度接触性传染病，主要特征是呼吸困难、下痢、神经紊乱、黏膜和浆膜出血等。

1. 流行特点 禽类对本病都有易感性，以鸡最为敏感，病鸡是主要传染源，病鸡及流行间歇期的带毒鸡和饲管人员的传播也是原因之一。本病主要经呼吸道或眼结膜感染，也可经消化道感染，病鸡在出现症状前24h的分泌物和粪便中就会含有大量病毒，可持续3周。一年四季均可发生，但在环境条件恶化和应激时易诱发本病。

2. 临床特征 本病的潜伏期2～15d或更长。根据毒力强弱和病程长短，可分为速发型、中发型、慢发型和非典型新城疫。

（1）速发型新城疫。常见有内脏型和肺脏型。内脏型新城疫最急性，常未见任何症状就突然死亡，任何周龄的鸡都可出现，死亡率很高，造成广泛性器官（主要是消化道）出血；肺脏型新城疫，特征是呼吸道及神经系统病变，病初体温升高可达44℃，食欲不振，羽毛蓬松、闭目缩颈，呈昏睡状，冠和肉髯呈紫黑色。呼吸困难，病鸡下痢，排黄绿色，黄白色恶臭稀粪，有的鸡出现神经症状，如腿麻痹、站立不稳、头颈向后仰翻或向下扭转。随着病性的发展，病鸡极度虚弱，体温下降至常温以下，虚脱而死。

（2）中发型新城疫。由中等毒力毒株引起，是一种以雏鸡呼吸系统为主要症状的新城疫，以咳嗽为特征，喘鸣声很少有。有时有神经症状，采食量减少，产蛋鸡产蛋量下降10%～15%，蛋壳质量差，一般流行1～3周。

（3）慢发型新城疫。由弱毒株所致，初期症状与急性相同。

患鸡常常出现神经症状，反复发作，翅腿麻痹，跛行或站立不稳，头颈向后或向一侧扭转，常伏地旋转。

（4）非典型新城疫。近年来最常见，主要表现出呼吸道症状和神经症状。病鸡张口伸颈，气喘咳嗽，气管发出“呼噜”声，口中有较多黏液。鸡群的产蛋量下降，并出现畸形蛋和软壳蛋。

3. 预防措施　鸡新城疫具有高度传染性，易通过直接接触而传播。因此，主要做好免疫预防，在实践中一般是将弱毒苗和油乳剂灭活苗联合免疫。在预防接种的同时，必须采取严格的综合防治措施，杜绝病原体的侵入，防止购入病鸡，禁止收购淘汰鸡的人员进入鸡舍，控制飞鸟及其他动物传播病毒。用具、运输工具、鸡笼、鸡舍要认真清洗及消毒。

4. 治疗方案　本病尚无有效治疗药物，发生后一般扑灭疫情。对于非典型新城疫，可用以下方法：

（1）紧急预防注射。用新城疫Ⅳ系紧急接种，用量：青年鸡以3倍量肌肉注射，成年鸡以5倍量肌肉注射。

（2）鸡新城疫高免卵黄抗体，每只鸡1次1～2mL，肌肉注射或皮下注射。

（3）病死鸡要进行无害化处理，可深埋或焚烧。

（4）加强消毒，可采用每天带鸡消毒方法。

（二）禽流行性感冒

禽流行性感冒（以下简称禽流感）是由A型禽流感病毒引起的禽类的一种病毒性传染病，鸡、火鸡、水禽和野鸟等均可感染。其发病情况取决于病毒亚型和毒力的强弱以及宿主的易感染性，常引起败血症死亡。

1. 流行特点　鸭是禽流感的天然宿主，一般无症状或仅有轻微呼吸道症状，但病毒长期存在于鸭的肠道，并随粪便排出污染水源等。所以，鸭在禽流感的流行病学中具有非常重要的作用。其他许多野鸟，包括捕获野鸟、迁移鸟等，也可能是禽流感病毒的传染源。

2. 临床特征 根据临床表现及病理变化可以分为两种类型：一是高致病性禽流感，由高致病性禽流感病毒引起，最急性例没有先兆症状而突然死亡，剖检也未见明显病理变化，但某些毒株区可引起禽流感的一些特征性变化。可见头部肿胀，眼眶周围水肿，鸡冠和肉垂发紫、变硬，脚趾部鳞片下出血，肌胃与腺胃交界处的乳头及黏膜严重出血。有的腹部脂肪和心冠脂肪有点状出血。二是温和性禽流感，由非高致病性禽流感病毒引起，或由高致病力毒株感染了已有一定免疫力的家禽群体。在蛋鸡上，主要表现为产蛋量下降，有轻微呼吸道症状，死亡率正常或略有上升。食欲突然下降，粪便呈黄、白、绿，稀粪，主要病理变化为腹膜炎、肝周炎、气囊炎，偶尔可见到肌胃和腺胃出血。

3. 预防措施

（1）严防高致病性禽流感从国外传入我国，对禽类、种蛋、禽加工产品和生物制品要进行严格的检疫。

（2）经确诊为高致病性禽流感（H5N1）时，应尽快划定疫区，采取严格措施。一般都采取扑杀、掩埋和焚烧，防止疫情扩散。

（3）对高致病性禽流感污染的所有场所及设备、病禽的排泄物及工作服等进行严格消毒。

（4）免疫接种。禽流感灭活苗每4～5个月免疫一次。

4. 治疗方案 对温和性禽流感发生早期，可用一些抗病毒药物和抗生素对症治疗，如金刚烷胺、金刚乙胺、病毒唑、利巴韦林以及庆大霉素等。

（三）鸡传染性支气管炎

鸡传染性支气管炎是由冠状病毒引起的一种急性、高度接触性的呼吸道传染病，病鸡以咳嗽、打喷嚏、呼吸啰音为特征。该病还能引起雏鸡肾脏病变，在产蛋鸡群中则经常导致产蛋量下降及软壳蛋、畸形蛋、蛋清稀薄等。呼吸系统和肾脏损伤是鸡感染死亡的主要原因。

本病仅发生在鸡。各种年龄鸡都可发病，但以雏鸡最为严重。过热、严寒、拥挤、通风不良、维生素和矿物质及其他营养缺乏以及疫苗接种应激等均可促进本病的发生。本病的主要传播方式是经空气飞沫传染。此外，也可通过饲料、饮水等经消化道传染，在寒冷季节及气候变化异常时多发。

1. 临床特征　患病鸡的特征性呼吸道症状是喘息、咳嗽、打喷嚏、呼吸啰音和流鼻涕，病鸡眼睛湿润，精神沉郁，雏鸡易拥挤在热源下面。若继发慢性呼吸道病、大肠杆菌病、新城疫等，则呼吸道症状更加明显，而且病死率增加。感染肾毒株的雏鸡精神沉郁，羽毛松乱，水样腹泻。5～6 周龄以上鸡基本症状相同，但 4 周龄以下鸡严重。雏鸡死亡率为 25%，康复鸡发育不良，造成卵巢和输卵管损害。成年以后，不产蛋造成“假母鸡”。成年鸡除表现轻微的呼吸道症状外，还表现为产蛋量下降，严重者可下降 30%～50%。软壳蛋、畸形蛋及壳面粗糙的蛋数目增加，蛋的质量变差，如水样蛋清。康复后，产蛋量很难恢复到原来水平。

2. 预防措施　加强饲养管理，做好消毒，减少过冷、过热、拥挤、通风不良等诱发因素。加强卫生防疫工作，鸡场定期消毒。防止感染鸡进入鸡群。雏鸡要按时接种疫苗，成年鸡应注意防止应激发生，可经常在饲料中添加一些电解维生素等。做好免疫接种，在免疫预防中，要选择合适的疫苗。因为本病的各血清型之间没有交叉免疫保护作用，首选可用 H_{120} 弱毒苗，二免可选用 H_{52}。对于肾型传染性支气管炎最好用当地分离株的灭活苗。

3. 治疗方案　提高育雏鸡温度，防止受寒，降低饲料中的蛋白含量，注意通风，添加电解维生素。配合使用病毒灵口服液、肾肿灵，同时再用恩诺沙星防止继发感染。

（四）鸡传染性喉气管炎

鸡传染性喉气管炎是由鸡传染性喉气管炎病毒引起的一种急

性呼吸道传染病。典型症状为呼吸困难、喘气、咳嗽和咳出血样渗出物。该病传染快，发病率高，病死率多在10%～20%，对产蛋量有较大影响。

1. 流行特点 本病主要侵害鸡，虽然各年龄段的鸡均可感染，但成年鸡的症状更为典型。病鸡、康复后的带毒鸡和无症状的带毒鸡是主要传染源。经呼吸道及眼传染，也可经消化道感染。病鸡各种分泌物污染的垫草、饲料、饮水及用具可成为传播媒介。本病一年四季均可发生，但以秋冬寒冷季节多发。一旦传入鸡群，感染率高达90%～100%，死亡率一般在10%～20%，最急性型死亡率可达50%～70%，慢性或温和型死亡率约为5%。

2. 临床特征 患鸡初期眼流泪，伴有结膜炎。其后表现为特征性呼吸道症状，呼吸发出湿性啰音、咳嗽、有喘鸣音。严重病例，表现为高度呼吸困难，可咳出带血黏液。若分泌物不能咳出时，病鸡可窒息死亡。产蛋鸡的产蛋量迅速减少（可达35%以上）或停止，康复后很难恢复到原有的产蛋水平。

3. 预防措施 加强饲养管理。坚持做好鸡场、鸡舍的卫生，减少病原滋生，并按时做好消毒工作。紧急免疫接种，对健康鸡群和未感染鸡群紧急接种疫苗，能预防此病的流行。

4. 治疗方案 鸡群一旦发病，可进行带鸡消毒；用喉炎弱毒疫苗紧急接种，双倍量点眼；在免疫5d后可用一些中药制剂如通喉散、荆防败毒散、喉正康和抗病毒口服液，同时用抗菌药物防止继发感染。

（五）沙门氏菌病

沙门氏菌病是由沙门氏菌所引起的急性或慢性疾病的总称。由鸡白痢沙门氏菌引起的称为鸡白痢，由鸡伤寒沙门氏菌引起的称为禽伤寒，由其他的沙门氏菌所引起的禽类疾病则通称为禽副伤寒。

1. 鸡白痢 鸡白痢是由鸡白痢沙门氏菌引起的传染病，主要侵害雏鸡，以白痢为特征，并呈急性败血症经过，引起大批死亡。成年鸡多呈隐性和慢性经过。

（1）流行特点。鸡对本病具有易感染性，本病的发病率、死亡率与鸡的年龄有关，本病的死亡多限于2～3周龄的雏鸡。成年鸡的感染常局限于卵巢、卵子、输卵管和睾丸，呈慢性经过或隐性感染。病鸡与带菌鸡是主要传染源。本病通过带菌卵传染是主要的传播方式。通过被污染饲料、饮水经消化道感染是主要的传播途径。鸡发病率和死亡率受外界环境因素影响很多，如环境污染、卫生条件差、育雏室温度变化剧烈或温度偏低、潮湿、鸡群密度大、饲料营养成分不平衡或品质差以及有其他疾病的混合感染等，均可导致本病发病率和死亡率增高。

（2）临床特征。本病在雏鸡和成年鸡中表现的症状和经过有显著差异。

①雏鸡。雏鸡如刚出壳感染，一般4～5d后出现明显症状，7～10d后病雏逐渐增多，2～3周达高峰。病鸡呈最急性者，无症状而迅速死亡。慢性者表现为精神委顿，绒毛松乱，两翅下垂，缩头、颈，闭眼昏睡，不愿走动，拥挤在一起。病初食欲减少，而后停食，多数呈现软嗉囊。同时伴有腹泻，排稀薄如白色浆糊状粪便，有的因粪便干结封住肛门周围。病程短的为1d，一般4～7d，也有长达20d以上的，死亡率为40%～70%，出壳后5～10d发病的死亡率最高，3周龄以上发病的死亡率极少。耐过鸡则生长不良，成为慢性患鸡或带菌鸡。

②成年鸡。感染一般常无临床症状。母鸡产蛋量与受精率降低，极少数病鸡表现精神委顿、头翅下垂。伴有腹泻，排白色稀粪，产蛋量停止。有的感染鸡因为卵黄囊炎引起腹膜炎，腹部膨大而呈“垂腹”现象。

2. 鸡伤寒　鸡伤寒是由鸡伤寒沙门氏菌引起禽的一种败血症，呈急性或慢性经过，常为散发。

（1）流行特点。鸡伤寒主要发生于鸡，成年鸡最易感，雏鸡也能发生此病。

（2）临床症状。雏鸡发病的症状与鸡白痢相似。病雏困倦，生长不良，虚弱，肛门周围粘有白色粪便。常因肺部感染而出现呼吸困难和喘气症状。青年鸡和成年鸡发病，急性者突然停食，精神委顿，冠和肉垂苍白、皱缩。感染后2～3d内体温升高，感染4d后可发生死亡。

3. 禽副伤寒 禽副伤寒是由带鞭毛能运动的沙门氏菌引起的禽类疾病。本病不仅在幼龄家禽造成大批死亡，而且难于根除。研究资料表明，很多人类沙门氏菌感染的暴发都与禽肉和禽蛋中带有副伤寒沙门氏菌有关。

（1）流行特点。本病能感染各种家禽和野禽，以鸡和火鸡最常见，常在孵出后2周之内感染发病，6～10d达最高峰。病死率10％～20％，1月龄以上的家禽有较强的抵抗力，一般不引起死亡。成年家禽往往不表现临床症状。

（2）临床特征。幼禽主要表现为：嗜睡呆立、垂头闭眼，两翼下垂，羽毛松乱，厌食，饮水增加，水泻样下痢，粪便附着于肛门周围，眼流泪。成年禽一般表现为隐性感染。

（3）预防措施。禽沙门氏菌病目前尚无有效的免疫方法，目前该病菌已对好多药物产生耐药性。因此，应采取综合措施，才能达到控制和净化该病的目的。一是种鸡群应进行白痢净化，同时对环境和鸡舍定期消毒。二是要注意通风，降低饲养密度，减少应激。三是勤清理粪便、水槽。在饲料内加入适当抗菌药物，也是防止发生感染的有效措施。

（4）治疗方案。选择最有效的药物用于治疗，较常用的药物有盐酸诺氟沙星、甲磺酸培氟杀星、卡那霉素、环丙沙星、氧氟沙星等。

（六）禽大肠杆菌病

禽大肠杆菌病是由致病性大肠杆菌引起的禽类的急性或慢性疾病的总称，近年来已成为危害养禽业的重要疾病之一。

1. 流行特点　大肠杆菌在自然环境中普遍存在。正常鸡体内有10%～15%的大肠杆菌是潜在的致病血清型。该菌在种蛋表面、禽蛋内及孵化过程中的胚胎中分离率较高。各种年龄的鸡均可感染，因饲养管理水平、环境卫生条件、防治措施不同，本病的发病率和死亡率有较大差异。雏鸡呈急性败血症经过，成年鸡则以亚急性和慢性感染为主。本病一年四季均可发生，但在多雨、闷热、潮湿季节多发。禽舍通风不良、卫生条件差和饲养密度过大等均是引起本病的主要诱因。

2. 临床特征　在不同生长发育阶段有不同的表现形式。

（1）卵黄囊感染和脐炎。表现在整个孵化期和出壳后3周内引起雏鸡死亡，雏鸡多有卵黄吸收不良和并发脐炎，活过4d的鸡也可发生心包炎。

（2）呼吸道感染（气囊炎）。发生于2～12周龄鸡，尤以4～9周龄鸡最易感。主要表现为气囊增厚，表面有干酪样渗出物。也可继发心包炎和肝周炎，常见心包膜和肝被膜上有纤维素性伪膜附着。

（3）急性败血症。性成熟鸡易感染。以肝脏肿大呈深黑色或绿色以及胸部肌肉充血为特征，有时肝脏有灰白色坏死点。

（4）输卵管炎。禽在腹气囊感染大肠杆菌后，通过输卵管系膜感染，使输卵管扩张，感染鸡不产蛋。

（5）腹膜炎。产蛋鸡发生散发性突然死亡。有些鸡不能将卵吞入输卵管伞部，从而掉入腹腔，掉入几小时内卵黄被吸收，大肠杆菌随之逆入腹腔，即发生严重的腹膜炎。患病母禽拉出含蛋清、凝固蛋白或蛋黄样稀粪；输卵管内有黄色纤维素性渗出物，波及卵巢时，可见较大卵泡、卵黄液化或煮熟样，较小卵泡有变形、变色、变质变化。腹腔充满淡黄腥臭的蛋水和凝固蛋黄，肠盘粘连。

（6）肿头综合征。以肉鸡和蛋鸡面部、眼眶出现水肿为特征。

3. 预防措施 改善饲养管理，消除发病诱因。勤清除粪便，减少氨气的含量。勤清洗水槽，检查变质的饲料。改善通风，降低灰尘。加强对鸡慢性呼吸道病的控制也有助于减少禽大肠杆菌病发生的机会，因为这两种病常混合发生或继发感染。

4. 治疗方案 目前治疗禽大肠杆菌病的药物品种很多，常用药物有氟苯尼考、甲砜霉素、丁胺卡那霉素、恩诺沙星等。有条件时，做好药敏试验，药物应注意轮换交替使用。

（七）鸡传染性法氏囊病

鸡传染性法氏囊病是由法氏囊病毒危害鸡的中枢免疫器官法氏囊为特征的急性或亚急性传染病。自 1979 年在我国首次发现以来，目前已成为养鸡业的主要疾病。

1. 流行特点 本病只感染鸡，没有发现其他禽类感染，但能带毒传播疾病，本病常见于 3～7 周龄鸡。具有高度接触传染性，上午发现几只病鸡，24h 后即可呈现一大批精神不振呆立的鸡群，发病率可达 100%。一年四季均可发生，患病时，鸡极易感染其他病毒性和细菌性疾病，如新城疫、大肠杆菌、沙门氏菌、支原体病，造成直接或间接死亡。在免疫空档期、天气变化（刮风、降温）、干燥尘土飞扬、应激、患其他疾病、鸡体抵抗力下降时，鸡均可发生该病。病鸡通过粪便排毒，被污染的饲料、垫草、饮水、饲养人员串岗、流动等都是传播媒介，空气传播也是主要原因。

2. 临床特征 突然发病、精神差、排白色或黄色水样粪便。病鸡皮肤干燥、脱水、胸肌发暗，腿肌和胸肌有大小不等的出血点，有时呈块状或条状出血，温和型流行时有时没有肌肉出血症状。肠道黏液增多，黏膜出血，腺胃出血，有时与肌胃交界处有环状出血。法氏囊在感染初期水肿、充血，有的黏膜呈橘黄色，有的有小出血点或出血斑，严重者血肿。初期法氏囊肿大 2 倍，以后逐渐缩小，到发病第 8d 时仅为正常的 1/3。亚临床型早期法氏囊萎缩，炎症轻微不出现水肿。

3. 预防措施　一是本病以免疫为主要手段，结合抗体监测，进行科学免疫，并严格进行隔离和消毒。二是对发病鸡群，应尽早确诊，及时注射高免血清或高免卵黄抗体。三是饲料中蛋白质浓度降低，增加多种维生素用量，饮水中加5%糖和0.1%食盐，同时可用一些广谱抗生素做辅助治疗。

（八）鸡支原体病（慢性呼吸道病）

本病是由鸡败血支原体引起的呼吸道传染病。以咳嗽、流鼻液、呼吸啰音为特征，常见隐性传染，发展缓慢，病程很长，在鸡群中长期蔓延。本病死亡率不高，但造成雏鸡发育不良，蛋鸡产蛋量下降，给养鸡业造成重大损失。

1. 流行特点　本病主要感染鸡和火鸡、鹌鹑、孔雀、珠鸡，鸽也可传染。各年龄段鸡都能感染，但以4～8周龄雏鸡最为敏感，死亡率也比成年鸡高。成年鸡感染后，多呈隐性，但产蛋量可下降10%～14%。病鸡和隐性鸡是本病的主要传染源，本病一年四季均可发生，尤以10月至翌年2月常见。寒冷季节多发，饲养管理不当，环境卫生不良，气候条件突变，其他传染病、寄生虫病的侵袭，以及其他引起鸡产生应激的因素都可促使本病的暴发、复发和迅速蔓延。

2. 临床特征　病初可见鼻孔流出浆液性和黏液性鼻液，病鸡频频摇头、打喷嚏，严重时呼吸困难，鸡冠、肉髯发紫。病鸡初期流泪，眼睑肿胀，眼突出形成“凸眼金鱼”样；严重时，可发现一侧或两侧眼失明，成年鸡产蛋量下降10%～14%，甚至产软壳蛋。病理变化主要为鼻腔、喉头、气管内有多量的灰白色黏液和干酪样物质。

3. 预防措施　一是加强饲养管理，雏鸡防止温度过低，鸡群密度要合理，饲喂优质全价饲料，尽可能地减少各种应激因素发生。二是购鸡必须从无病鸡场和防疫条件好的孵化场引入，实行全进全出，做好环境卫生消毒。三是种鸡群发病后，种蛋不能孵化作种用。四是鸡群一旦发病，要及时隔离治疗，可选用泰龙、奥福欣、红霉素、支原净、环丙沙星、强力霉素、庆大霉素、土霉素、金霉素等药物。

第四节　鸡舍环境控制系统

智能鸡舍环境监控系统主要是利用智能化技术对鸡舍的各种环境参数（温度、湿度、噪声、光照、有害气体）进行监控，以便鸡舍能保持在恒定的人工环境，实现产量的最大化，一般全年鸡舍的温度变化不会超过5℃。一旦系统有故障或者出现断水、断料的情况，管理员都能及时通过客户端或者手机了解并做出及时处理。

一、鸡舍环境监控系统概述

鸡舍环境监测是物联网技术在畜牧生产、经营、管理和服务中的具体应用。具体讲就是运用各类传感器，广泛采集包括温度、湿度、噪声、光照、有害气体（氨气、硫化氢、二氧化碳）等参数，上传至控制中心，实现对鸡舍环境的全面监测和控制。

二、系统功能介绍

环境智能监控系统是基于物联网技术，通过在线监测鸡舍环境信息，调控舍内的生长环境条件，保证动物健康生长、繁殖，从而提高动物的生产率，进而提高经济效益。本系统是利用二氧化碳、氨气、硫化氢、温度、湿度传感器等对环境进行的在线监测，并通过控制设备对环境的温湿度、有害气体和光照等进行控制。环境监测系统控制的方式有手动和自动两种方式，并可带报警功能，报警的方式根据需求可以设定为现场声光报警、手机短信报警、软件报警等。为提高环境调节的智能化，需要对控制设备如风机、水泵（湿帘）、天窗、卷帘等进行集中控制，并且可以在智能养殖平台上实现远程控制。

三、系统设计

智能养殖系统从功能上来说，包括以下 3 个部分：

1. 养殖舍环境监测数据采集　实现养殖舍内环境［包括温度、湿度、光照、有毒气体（氨气、二氧化碳、硫化氢）、风速等参数］信号的自动检测、传输、接收。根据现场需求不同，在不同的养殖舍内布设不同的传感器。

2. 养殖舍环境现场控制系统　现场需要配备自动控制柜，自动控制柜配备控制器、时间控制器，实现对现场设备的自动控制。同时，设计有手动控制开关，当自动系统故障或特殊情况下，通过手动控制来控制现场设备。

3. 智能监测软件　通过控制柜上的控制器等将现场的数据传输到管理主机上，通过监控软件可以实时采集现场监测数据，并可以远程修改现场控制器的控制参数，实现远程控制设备（此功能是在自动控制功能有效的前提下，若现场控制柜处理为手动控制时，自动控制是无效的）。软件具有实时采集现场数据功能、超限报警、超限短信报警、数据记录存储、数据导出等功能。

四、系统说明

主要监测参数有温度、湿度、氨气、二氧化碳等，采集模块通过 RS485 通信总线接口将数据上传至监控中心，实现对鸡舍采集的各路信息的显示、存储、分析、管理、控制、报警，提供阈值设置，提供告警功能。告警方式可以根据需求选择。提供软件、硬件及客户端一整套的设备。

五、系统特点

智能养殖系统方案建设的核心是“重需求、重效果”，实现智能化、数字化、模块化。为保证系统安全运行，系统设计为自动与手动两种控制模式，系统控制主要由现场的控制柜来执行，系统可以在监控主机关机、通信中断、脱机等条件下独立正常运行。这是本系统最大的特点，也是一套自动监测系统所必须考虑的问题。

六、系统配置灵活，功能可定制

监测系统软件采用模块化设计，通过现场传感器和数据采集模块，可以采集各类传感器和开关信号，通过通信把各路信息上传到监控分析并发出相应的控制命令，输出各类控制信号对设备进行智能化控制。一旦有报警出现，则会发出声光报警，并把信号上传给数据中心。除常规功能外，各类采集信息还可以定制，可以根据客户需求及预算达到系统的最优化，不仅可以配备基础的配置，也可以配置更智能化的高端配置。

第五节　蛋鸡的精准饲喂

随着育种、营养和管理等技术的进步，蛋鸡的生产性能越来越高，所以要根据鸡的生活习性和特点，及时、科学地调整配方，实施精准饲喂，满足鸡群各生理阶段或各种状态下的营养需要，奠定蛋鸡高产、稳产的基础，实现养鸡效益最大化。

一、精准饲喂的意义

精准饲喂技术是现代养鸡精细化、精益化管理的体现，是高产蛋鸡和鸡农增收节支的需求，是现代“无抗养殖”的保障，是国家低碳环保、节能减排战略的要求。

依据鸡群情况调整营养配方实施精准喂养，有助于蛋重的控制和蛋壳质量的提升，有助于减少鸡群死亡率，有助于降低生产成本（包括饲料成本和排风耗电成本），减少大气和鸡舍内氨、氮的排放量，缓解蛋白资源严重匮乏的困窘。不同日粮粗蛋白水平对氨气和氮的排放影响见表6-5。

表 6-5　不同日粮粗蛋白水平对氨气和氮的排放影响

类别	氨气（μL/L）	pH	水（g/kg）	氮（g/kg）
低蛋白组	53±7.2	5.0±0.2	560±10.8	47±2.0
中等蛋白组	58±5.1	5.1±0.09	569±16.2	49±1.4
高蛋白组	83±13.8	5.5±0.34	603±29.1	59±0.2

二、高产蛋鸡新的挑战

1. 开产早、爬峰快　随着家禽育种分子遗传学和基因组学的应用，育种效率更高效快捷，世代间隔由过去的 13 个月缩短到 7 个月，开产日龄每年提前 0.7d 以上；蛋鸡产蛋爬峰时间仅有短短的 5～6 周时间。

2. 产蛋持续性进一步提高　更长的产蛋周期，产蛋时间延长至 100 周龄或更长时间；60 周龄后的产蛋率增加，并且具有较高的产蛋持续性。

3. 饲料的转化效率逐年提高　高产蛋鸡的饲料转化率都可控制在 2∶1 以内。

4. 最佳的蛋重曲线　早期的蛋重在增大，后期蛋重在减小。

5. 死淘率稳步降低　极低的死淘率（3%）相对地也增加了入舍母鸡产蛋枚数。

6. 产蛋后期的蛋壳质量逐步改善　增加了可销售的鸡蛋数量。

如今优良的蛋鸡品种已经具备了以上条件，但仅靠这种优良的特性显然是不够的。其中营养物质是一切生命活动的物质基础，它影响着动物生产效率和遗传潜力的发挥，左右着动物的健康状况。因而，必须有饲料营养、环境控制等管理的密切配合才能得以实现。

三、树立新理念，科学调整饲喂模式

1. “超早哺育料”　研究证明，早期营养对后代会产生长时间的影响，在最初几天给雏鸡提供高浓度、适口性好、易消化吸收和无菌的日粮，能够促进雏鸡肠道更早开始发育，使肠道更健康、消化吸收率更高，也潜在地减少了应激以及对疾病的易感性，同时也提高了早期雏鸡的生长速率。如能结合种鸡场的“母体营养”、孵化场内的“胚蛋营养”和“早日饲喂技术”，效果更佳。

2. “爬峰料” 蛋鸡在18～25周龄具有5个特点（表6-6）：

①产蛋增加。从开产至25周龄的94%，增加了90个百分点的产蛋率，产蛋数也增加到40枚左右。

②蛋重增加。蛋重由49.4g提高到57.8g，增加了8.4g。

③体重增加。体重由1.52kg提高到1.84kg，增加了0.32kg。

④光照增加。光照时间由10h提高到14.5h，增加了4.5h。

⑤采食量低。采食量由18周龄的85g提高到25周龄的109g，平均采食量95.75g，距高峰采食量相差12g左右。

表6-6 18～25周龄蛋鸡生长及产蛋情况

周龄	日产蛋率（%）	累计产蛋数（个）	体重（kg）	平均蛋重（g）	采食量［g/(d·只)］	光照（h）
18	4～14	0.3～1.0	1.47～1.57	48.8～50.0	82～88	11
19	24～38	2.0～3.6	1.57～1.67	49.0～51.0	85～91	12
20	45～72	5.1～8.7	1.63～1.73	50.2～52.2	91～97	13
21	75～86	10.3～14.7	1.67～1.77	51.5～53.6	95～101	13.5
22	87～92	16.4～21.1	1.72～1.82	53.1～55.3	99～105	13.75
23	92～94	22.8～27.7	1.75～1.85	54.4～56.6	103～109	14
24	92～95	29.2～34.3	1.78～1.90	55.5～57.7	105～111	14.25
25	93～95	35.7～40.9	1.79～1.91	56.6～59.0	106～112	14.5

同时，小母鸡还要面对开产的应激（产蛋是小母鸡最大的应激）、更换饲料的应激、采食大量石粉（粒）的应激、光照度增

大的应激，这些情况下机体的压力是非常大的。

鸡虽具有控制其采食量的基本生理机能，但存在一定的限度。这一阶段单靠鸡只自身调节是不现实的，难以满足机体的需要，会造成鸡群体能的严重透支，影响整体生产性能。

18～25 周龄营养摄入不足的危害：

①能量和氨基酸摄入不足。产蛋高峰相对较低或无高峰、高峰后衰跌、蛋重偏小、产蛋持续期较短、个体重低和抗病能力较弱。

②钙和磷摄入不足。龙骨弯曲、软骨，甚至瘫痪；产蛋鸡疲惫，后期蛋壳质量变差。

由于蛋鸡 18～25 周龄的采食量距高峰相对低 10g 左右，如果此时不对配方做适当的调整，就可能会出现以上问题，对鸡群造成伤害，对生产性能造成影响，对养鸡效益造成波及。

18～25 周龄的营养调整：18～25 周龄新母鸡处在独特的生长环境之下，必须对营养进行调整，实施精准喂养，以满足母鸡生理、生产的需要。

3. "异常状态下"营养需要　根据鸡群状况调整日粮营养是符合我国基本国情和实际生产情况的一种务实做法。毕竟鸡的生存环境跟国外有差别，如一些烈性传染病的处理方式，国外多采用扑杀手段处理，而我国采用强制多次免疫方法控制，结果不言而喻。养殖规模、场房设备规格和环境控制技术也存在着较大的差别，同时也是国家战略和环保的要求。

①疾病状态下营养调控。精准营养是鸡群健康的保障，实现精准营养才是最好的免疫。现代医学和生物学研究表明，营养是决定健康的关键因素，80％的疾病与营养有关。营养不良会导致特异性和非特异性免疫系统的抵抗力降低，提供高品质的饲料显得尤为重要。

脂肪肝综合征又叫脂肪肝出血综合征，是由于饲料中营养物质过剩，以及某些微量元素成分不足或不平衡，造成体内脂肪代谢障碍而引起的一种营养代谢病。有研究证明，该病的发生与遗传、营养、管理、环境、激素、有毒物质等有关，而营养因素是主要原因，其机理与脂肪代谢密切相关。因而，通过营养因素调控脂肪代谢是防治本病的重要途径。

通过调控日粮营养水平来减轻球虫病感染程度也是抗球虫病的方法之一。特殊的营养物质与抗球虫药物结合，能增加药物的疗效，还可以缓解鸡感染球虫后的病变程度，提高存活率与饲料转化率。

②应激状态下的营养调控。应激包括高密度笼养、断喙、转群、惊吓、捕捉、称重、免疫用药、断水、断料，以及热应激、冷应激和鸡舍内有害气体超标等。应激状态下必须调整饲粮中能量、蛋白质（氨基酸）、钙磷的水平，增减微量元素、维生素、电解质等的用量。

4. “分段饲喂”技术 产蛋鸡在1d内对能量、蛋白（氨基酸）、钙和磷等的需要不是一成不变的，它取决于母鸡对形成各种蛋成分的生理需要。即上午要形成蛋清等，鸡需要高能量、高蛋白的饲料；蛋壳主要是在下午和晚上形成的，对钙、磷的需要量较高。

“分段饲喂”是根据1d中蛋形成阶段的实时营养需要，给产蛋母鸡饲喂不同营养的饲料，把日粮分为上午和下午的营养，以此精准营养满足产蛋的需要，改善后期蛋壳质量的问题。“分段饲喂”可提高产蛋后期的产蛋率，降低饲料消耗成本，增加机体对钙的吸收和沉积，改善蛋壳质量，增加可销售商品蛋数量。“分段饲喂”同时还降低了2%的能源使用量和约10%的温室气体排放量，降低了钙磷的使用，减少了排泄物对环境的影响。

四、总结

精准饲喂技术必须以各品种新的营养指南为标准，满足鸡各生理阶段和不同采食量下的营养需要。精准饲喂技术应以饲料原料的实际营养物质含量为依据，或以新的原料数据库为参考，结合精准的评估，启用净能和可消化氨基酸体系设计配方。精准饲喂技术应以所要求的结果为导向，根据养殖场管理水平的差异和鸡群实际状况提供精准的营养方案，并精准地执行，方可获得更佳的动物表现。

肉鸡的精准饲喂技术

第一节　我国肉鸡产业概述

一、我国肉鸡产业发展潜力巨大

1. 鸡肉营养特点合乎现代健康消费理念　鸡肉是世界上增长速度最快、供应充足、物美价廉的优质肉类。其高蛋白质、低脂肪、低热量、低胆固醇的"一高三低"的营养特点，使其作为健康肉类食品而不断地为大众所接受。

目前，欧美等发达国家对高脂肪、高胆固醇含量的红肉消费加以节制，以高蛋白质、低脂肪、低胆固醇含量的白肉（主要是鸡肉、鱼类等）取而代之。在美国、巴西等国家，鸡肉已经发展成为超过猪肉、牛肉的第一大肉类消费食品。我国经济的高速发展，也必将使国民的肉类消费理念发生巨大变化，并越来越表现出与世界肉类消费发展同步的趋势，即鸡肉的消费增长势在必行。

2. 鸡肉是世界公认的最具经济优势的动物蛋白来源　鸡肉是公认的最经济的肉类蛋白质来源。与猪肉、牛肉相比，鸡肉的饲料转化率最高，比较优势明显。每生产 1kg 肉，猪肉需要消耗饲料 3.5kg 左右，牛肉则需 6～7kg 饲料，而鸡肉仅消耗饲料 1.67kg。

从 20 世纪 80 年代初引进美国的 AA 种鸡到现在，2kg 肉鸡的生长周期已从 1984 年的 49d 缩短到 2007 年的 35d；料肉比从 2.05 下降到 1.62；同为 49 日龄，1984 年肉鸡平均体重为 2kg，而2007年为3.23kg，日增重增长了25.1g。

3. 方便、美味和易于加工等特点以及快餐业的兴起促进肉鸡业的发展 中国人有爱吃鸡的传统习惯。“无鸡不成宴，无酒不成席”。鸡肉在中国人的日常餐桌中占据了重要的位置。鸡肉凭借其易于加工、口感美味的特点，使它与其他肉类相比，具有了更强的消费竞争力。鸡肉口感鲜嫩，无异味，加工时间短，屠宰方法简单。这使得鸡肉更便于工业化操作。随着快餐行业在我国的快速发展，越来越多的人在工作之余选择快餐。而快餐的主要原料是价廉物美的鸡肉。

4. 国民经济的持续发展促进肉鸡业的发展 我国经济的高速发展，促进了我国城市化进程的不断深入。据《中国统计年鉴》，我国城乡居民肉类消费情况是：城镇居民禽肉人均消费量是农村居民的2.1倍。我国城镇人口的人均鸡肉消费量已经达到世界平均水平。我国经济以每年6%以上的速度递增，城市化进程也以每年1.5%～2%的速度发展。城市化进程加快，城镇居民人口将持续增加，鸡肉消费需求也必将不断扩大。

5. 鸡肉是适合世界所有民族食用的肉类 源于宗教信仰和民族习惯，不同民族的饮食存在很多禁忌。但与其他肉类消费品相比，鸡肉是适合世界所有民族食用的肉类，这使其拥有更广阔的消费增长空间。

6. 产业化、集团化趋势增强了肉鸡行业的发展势头 与其他动物相比，鸡是少有的适宜大群饲养的现代动物。从目前的饲养技术来看，还不存在任何以土地为基础的农业行业，能如此成功地在封闭的设施内进行如此数量巨大的动物饲养，鸡是一个先例。这使得鸡肉更适用于集团化、产业化生产。

虽然我国目前的鸡肉产量仅占肉类总产量的13.04%，但肉鸡产业的集团化、产业化程度却非常高，一批国家级龙头企业正在崛起。2004年我国肉类50强企业中，鸡肉企业占33%。2005—2006年中国名牌产品中，肉类制品24个，其中禽肉产品

12个，占肉类产品的50%。2006年公布的17家出口农产品免验企业中，肉鸡类企业10家，占到58.82%。肉鸡产业是我国农牧业中集团化、产业化程度最高的产业之一，也是我国竞争力非常强的产业之一。健康发展的我国肉鸡业必将改变传统肉类消费结构。

随着我国经济的发展和人民生活水平的不断提高，大众膳食的肉类消费结构也在发生着深刻的变化。以猪肉为代表的红肉消费逐年递减，而以鸡肉为代表的白肉消费正在逐年递增。传统肉类消费结构中的主流消费品猪肉从1982年的83.6%一路下降到2006年的64.6%，而鸡肉在肉类消费结构中的比重却从1982年的5%持续上升到2006年的13%。按照这一趋势推算，预计到21世纪30年代，鸡肉将超过猪肉成为我国大众肉类膳食结构中的主流消费品。届时，我国大众的肉类膳食结构更加均衡合理、消费观念更加理性。

纵观世界肉鸡产业的发展历程，世界发达国家的人均鸡肉消费量均呈现持续增长的趋势。我国的肉鸡产业也不可避免地遵循着这一发展趋势。特别是从20世纪80年代以来，我国的鸡肉消费也呈现出快速增长的发展势头。庞大的消费潜能和快速增长的经济实力，为我国肉鸡产业发展提供了巨大空间。

二、肉鸡行业现状

20世纪80年代初，为解决国人吃肉难的问题，以北京华都肉鸡公司为代表的我国肉鸡产业化企业开始起步。在没有任何国家经济补贴的情况下，经过20多年的发展，我国肉鸡产业以高效率、低成本的优势，迅速发展成为我国农牧业领域中产业化程度最高的行业。我国的鸡肉总产量也由1984年的135.8万t增长到2007年的1 250万t，并以每年5%～10%的速度持续增长，使我国一跃成为世界第二大鸡肉生产国。北京华都肉鸡公司的屠宰能力也从1984年的200万只，发展到现在的3 600万只。在此推动下，我国年人均鸡肉消费量也从1984年的1.03kg发展到2007年的12kg，增长了11.65倍，鸡肉在我国已成为仅次于猪肉的第二大肉类消费品。

第二节　肉鸡生理特点

近年来，由于食品工业的快速发展和劳动力成本上升等综合因素的影响，肉鸡养殖业逐步走向规模化、机械化的生产模式。随着肉鸡饲养模式的调整，生产能力不断提升，也暴露出来一些问题，如居高不下的防疫费用、对能源的高度依赖、对环境的影响等。这都是今后发展中需要考虑的问题。

肉鸡生产从开放性棚舍、手工操作、冬避严寒夏避暑的生产方式发展到今天的密闭鸡舍、设备养鸡、全年生产，在生产管理和卫生防疫方面都有更新、更高、更严格的要求。如果不去了解清楚肉鸡的生理需要、遗传潜能，生产设备的工作原理、操作方法，鸡舍环境的控制目标以及生物安全的措施等，而是用传统的经验和方法去管理肉鸡，无疑是要冒风险的。

肉鸡由于其培育程度很高，极其脆弱，所以对肉鸡的福利要求特别高。相对于蛋鸡而言，肉鸡的体质相比较差，在饲养过程中很多细节不注意就会导致很严重的后果。肉鸡平滑肌（内脏）和横纹肌（肌肉）的发育存在严重的不平衡，所以在肉鸡养殖过程中，出现肝肾肿胀、肝肾不全、痛风、腺胃炎、腹水等各种疾病特别多。肉鸡的新陈代谢极其旺盛，对温度、湿度的要求也很敏感，在代谢过程中肉鸡能排出大量的有毒产物，对环境要求高，应做好粪便污水的无害化处理。所以，养好肉鸡不但是一门科学，还是一门艺术，要真正把肉鸡的健康养殖当成自己的事业来做，关爱每只鸡，了解每一只肉鸡，只有这样才能更好地养好肉鸡。

研究疾病和研究用药都不是真正健康养殖的理念，真正的健康养殖是增加肉鸡福利，善待每一只肉鸡，让肉鸡处于一个舒适的环境。同时，做好预防疾病和日常的饲养管理工作，让肉鸡不得病或少得病，把用药作为备用手段，减少或者杜绝肉鸡药物残留，降低农资产品购入成本和饲养成本，尽可能地使用中药，掌握真正的养殖技术。这样才能称得上是健康养殖。

1. 肉鸡有很高的生产性能，表现为生长迅速、饲料报酬高、周转快。肉鸡在短短的42d，平均体重即可从40g左右长到2 500g以上，6周间增长60多倍，而此时的料肉比仅为1.75∶1左右，即平均消耗一斤*多料就能长一斤体重。这种生长速度和经济效益是其他畜禽不能相比的。

2. 肉鸡对环境的变化比较敏感，对环境的适应能力较弱，要求有比较稳定适宜的环境。肉雏鸡所需的适宜温度要比蛋雏鸡高1～2℃，肉雏鸡达到正常体温的时间也比蛋雏鸡晚1周左右。肉鸡稍大以后也不耐热，在夏季高温时节，容易因中暑而死亡。肉鸡迅速生长，对氧气的需要量较高。如饲养早期通风换气不足，就可能增加腹水症的发病率。

3. 肉鸡的抗病能力弱

（1）肉鸡快速生长，大部分营养都用于肌肉生长方面，抗病能力相对较弱，容易发生慢性呼吸道病、大肠杆菌病等一些常见性疾病，一旦发病还不易治好。肉鸡对疫苗的反应也不如蛋鸡敏感，常常不能获得理想的免疫效果，稍不注意就容易感染疾病。

（2）肉鸡的快速生长也使机体各部分负担沉重，特别是3周内的快速增长，使机体内部始终处在应激状态，因而容易发生肉鸡特有的猝死症和腹水症（遗传病）。

（3）由于肉鸡的骨骼生长不能适应体重增长的需要，容易出现腿病。另外，由于肉鸡胸部在趴卧时长期支撑体重，如后期管理不善，常常会发生胸部囊肿。

---

* 斤为非法定计量单位。1斤＝500g。

第三节　肉鸡舍通风换气

肉鸡生长在几乎密闭的鸡舍内，每天需要大量的氧气和排出大量的废气，鸡舍的空气环境主要依靠换气来解决。

雏鸡入舍 10h 以后，开始开启负压风机换气。由于负压换气舍内会形成一定的风速，风速会影响舍内鸡的体感温度。为解决这一矛盾，采取两侧多点进风的方式降低风速。肉鸡饲养全程（夏季除外）都应根据饲养数量计算每天的换气量，根据换气量计算风机开启的时间和次数。

具体公式如下：

鸡舍内日换气总量÷风机每秒排气量＝风机开启总时间

育雏室体积÷风机每秒排气量＝每次风机开启的时间

风机开启总时间÷每次风机开启的时间＝风机全天开启的次数

肉鸡 21 日龄以后保温的压力降低，由于粪便的积累和个体代谢量增大，舍内空气质量压力越来越大，根据季节逐渐加大舍内风速。

肉鸡通风换气的原则是给肉鸡供应氧气和调控舍内小环境，保持舍内不缺氧、无气味、无粉尘。因为通风换气受到天气、鸡舍密封性、电压、饲料转化率等诸多因素影响，所以鸡舍通风换气不可拘泥于数据，应灵活掌握。同时，要树立整体观念，通风换气时要兼顾温度、湿度的相对稳定。

其实，通风量是可以计算的，同时还能保证温度降低得小。

“三个一定”：肉鸡舍气体需要量是一定的、风机的排风量是一定的、鸡舍的面积是一定的。

“一个原则”：每次开动风机时，需将舍内空气完全置换一遍。

有了这“三个一定”和“一个原则”，现在计算一下风机需要开动的时间，假设风机排风量为7 500m^3/h的4台侧风机总排风量为30 000m^3/h、鸡舍体积为100m×12m×3m=3 600m^3，若把舍内空气全部置换一遍，需要3 600m^3/30 000m^3/h=0.12h=7.2min。为保证舍内空气完全排除，可将时间定为7.5min，增加了0.3min，也就是增加了150m^3的排风量（0.3min=0.005h，0.005h×30 000m^3/h=150m^3）。

然后计算风机停转的时间长度，以肉鸡13日龄为例，如果1h内通风2次就可以达到肉鸡对于通风量的需要，那么每个小时开动2次风机，每次开动7.5min，间隔22.5min，就可以满足肉鸡13日龄对于通风的需要量。

第四节　光照与密度

光照管理分为3个方面，即光照时长、光照度及灯光的波长。光照时长按照肉鸡饲养管理操作规程执行，光源选用日光灯为好，灯管距鸡背2m。光照度分为3个阶段：1～7日龄每平方米2W，7～25日龄每平方米1～1.5W，25日龄至出栏每平方米0.5～1W。肉鸡对光源波长的要求是随着肉鸡的日龄而变化的。雏鸡因需要尽早开水、开食，认知环境，需提高兴奋度；大鸡需要安静，减少应激。1～7日龄使用黄色光源，7～25日龄使用白色光源，25日龄至出栏使用蓝色光源。

若把肉鸡看成一个整体，那么肉鸡是由许多系统组成的，如神经系统、呼吸系统等。光照能调节肉鸡神经、肌肉（横纹肌）、内脏（平滑肌）的兴奋性度，由此来完成肉鸡的生长过程。首先要明白一个原则，因为脾脏进行营养供给时首先供给最活跃的器官，如供给脑、心脏、骨骼肌（肌肉）、免疫系统，最不活跃的器官就是平滑肌（内脏），一般情况下内脏系统比肌肉系统发育慢。所以，一定要给肉鸡一定时间的黑暗，让内脏系统在黑暗时间更好地发育。光控在这其中就能起到很好的调节作用，利用光控减少两个系统的发育不平衡问题。

光照过多，肌肉系统发育会远远超过内脏系统，造成肉鸡免疫力下降、肝肾肿胀、肝肾发育不全、痛风、代谢降低、营养物质沉积内脏，消化系统也会出现各种问题，如腺胃炎、腹水等。肌肉系统生长过快会导致肌细胞的无氧呼吸，细胞的无氧呼吸会导致产生过多的乳酸，进而会导致肌肉疼痛。有些肉鸡到后期会一直蹲着不动，最重要的原因就是肌肉发育过快导致身体极度不平衡，还有就是由于乳酸分泌过多产生的疼痛感，使肉鸡不愿活动。

肉鸡本身生长速度就非常快，但是如果人们还想让它生长更快，这就会打破肉鸡的生长平衡，接着就会出现各种问题。所以，一定要给肉鸡充足的休息时间。因为在黑暗的时间肉鸡的神经系统和肌肉系统处于抑制状态，而内脏系统处于活跃状态，这样就可以让内脏系统得到更多的营养。同时，黑暗时间还为乳酸的分解代谢提供了良好的时间，最终目的就是通过光控缩短内脏系统和肌肉系统的差距，保持肉鸡本身各系统的平衡。

肉鸡的饲养密度和供水供料系统以及环境控制能力密不可分，原则上第一周龄每平方米不大于 35 只，第二周每平方米不大于 25 只，第三周不大于 20 只，第四周不大于 15 只，第五周及以后不大于 13 只。肉鸡饲养密度取决于硬件条件、环境控制能力、外界气候和鸡的饲养日龄等综合因素，总的原则是只要有条件的情况下（平均煤耗每只鸡不超过 0.8 元），前 4 周的饲养密度越小，鸡就越健康，环境压力就越小，用药量就越少。

第五节　温度与湿度

一、温度

温度是影响鸡群环境好坏的三大要素之一，鸡的自身温度为 40℃左右，不同日龄阶段的鸡需要外界给予不同的温度，当高于鸡所需温度2～3℃时，鸡群会出现鸡张口、展翅甚至导致脱水；当低于2～3℃时，会出现拥挤、采食量增加，料肉比却下降等现象。温度的高与低都会影响鸡自身的免疫功能，甚至导致鸡抵抗力下降、大量病菌产生，使鸡发病率增长。

二、湿度

湿度是鸡群环境控制重要的因素之一。因为鸡对湿度的要求是比较严格的，当湿度低于鸡此阶段所需值时，会导致料肉比的下降以及脱水等现象；当高于所需湿度时，会导致一系列病变的发生，其中最厉害的有球虫等；还会出现啄尾等现象，因而导致死亡。湿度的高与低都会导致鸡的免疫力下降，病变率增加。

温度与湿度的管理主要是满足肉鸡的生理感受和生理需要，在温暖湿润的环境中，肉鸡感觉舒适才能更好地发挥遗传潜能，创造生产效益。温度和湿度的管理模式都是前高后低，雏鸡入舍后72h内，采取恒定的温度、湿度，保证雏鸡顺利开水、开食，从卵黄营养过渡到肠道营养；随着鸡生理功能的发育健全，温度和湿度不断下降，有利于肉鸡遗传潜能的发挥。

温度的管理重点是稳定性，0～10日龄舍内昼夜温差要控制在0.5℃以内，10～25日龄舍内温差要控制在1℃以内，25日龄到出栏舍内昼夜温差要控制在2℃以内。鸡舍温度的稳定靠锅炉和通风来调控，除了熟练准确地操控加温通风设备外，鸡舍的密封性也是至关重要的。

夏季降温：肉鸡所需的适宜生长温度前高后低，但进入夏季以后往往会出现超温现象，影响肉鸡的生长发育，甚至威胁生命。进入夏季，无论鸡日龄大小，当鸡舍内温度超出正常需要温度时，就要采取降温措施，在利用风速无法达到降温目的的时候，开始使用湿帘降温（第一次使用湿帘要先给湿帘消毒，正常使用中每天对湿帘消毒一次）。使用湿帘降温时，要注意调整舍内前后温差不超过 2℃。具体方法是，通过调整湿帘后面的导风板角度，使通过湿帘的冷风沿导风板的角度向鸡舍高处流动，然后随风速向鸡舍后端流动。使用湿帘时，严禁冷风直吹鸡群。湿帘的降温能力取决于湿帘的面积、厚度，舍内风速还有过湿帘的水温，如果过湿帘的水温超过 30℃，降温能力就会很低，甚至不降温。在应用湿帘降温的时候，应每 1h 监测一次过湿帘水温和舍内风速，发现问题及时排除。

第六节　肉雏鸡消毒

为了保证肉雏鸡入舍后 72h 的健康状态，需提前做好入舍前 15h 的消毒工作，使育雏室接近于灭菌环境。当达到这样一个环境后，要让这个环境维持 72h，为肉雏鸡 72h 的生物安全工作奠定基础。肉雏鸡前 3d 机体免疫力非常差，很多肉雏鸡脐孔还没有发育完全，此时若病原微生物含量高将会造成肉雏鸡发病或病毒潜伏，给雏鸡保育和后期的饲养管理带来难度。

肉雏鸡入舍前 15h 可采用脉冲式环境消毒法：脉冲式环境消毒法是采用不同种类的消毒剂，按照强效到低效的顺序和作用的时间，通过增加消毒剂抗菌谱覆盖面，每隔一定时间在特定区域进行消杀的消毒方法。由于每种消毒剂都有自己特定的抗菌谱，用一种消毒剂很难达到对所有病原微生物消杀的效果，同时消毒一次也很难达到理想的效果。因此，脉冲式环境消毒法就是通过增加消毒剂种类、扩大消毒剂的抗菌谱，同时增加消毒次数来提高消杀效果的方法。当消毒剂处于 35℃和相对湿度 70%的条件下，消毒效果会超常发挥，消毒效果将会比平时更佳，能为肉雏鸡营造一个接近于无菌的环境。

脉冲式环境消毒法具体操作步骤如下：

首先，肉雏鸡入舍前 15h 将温度加至 35℃，达到 35℃后马上开始消毒。在这 15h 中，采用 5 种消毒剂每隔 3h 消杀一次，根据消毒剂的消毒效果和作用时间来安排每次使用的消毒剂种类。首先选用毒性强、杀菌效果好、作用时间长的消毒剂，逐渐往毒性弱、作用时间短的消毒剂过渡，保证肉雏鸡在入舍前没有消毒剂残留。按照消毒剂的杀菌效果和作用时间，从强到弱依次为戊二醛、双长链季铵盐类、酸类、碘类、氯制剂。

1. 戊二醛

（1）作用机理。表面活性剂能改变病原体界面能量分布，改变细胞膜的通透性，影响细菌、病毒等的新陈代谢，灭活菌体内的多种酶系统；戊二醛能通过烷基化反应使病原体蛋白变性，酶和核酸等的功能发生改变，二者合一，相互增效。由于细胞膜的通透性发生改变，从而使更多的消毒药物进入病原体内，呈现强大、广谱的消毒效果，对细菌、病毒、支原体等具有杀灭功能。

（2）特点。戊二醛属广谱、高效消毒剂，可以杀灭一切微生物。可用于不耐热的医疗器械的灭菌。戊二醛在使用浓度下，刺激性小、腐蚀性低、安全低毒。受有机物的影响小，20%的有机物对杀菌效果影响不大。碱性戊二醛属广谱、高效消毒剂，可有效杀灭各种微生物，因而可用作灭菌剂，但强酸性戊二醛杀芽孢效果稍弱。灭菌时间长，灭菌一般要达到10h。

2. 双长链季铵盐类（如月苄三甲氯铵溶液等）

（1）作用机理。这类消毒剂可降低菌体的表面张力，增大菌体细胞膜的通透性，引起重要的酶和营养物质漏失，使菌体内的酶、辅酶和中间代谢产物逸出，阻碍了细菌的呼吸，使菌体蛋白变性，灭活菌体内多种酶系统。可杀灭大多数繁殖型细菌和真菌以及部分病毒。

（2）特点。具有杀菌、毒性和刺激性低、轻微腐蚀性、水溶性好、性质稳定等优点，其在低浓度下抑菌，高浓度时杀灭大多数细菌繁殖体和部分病毒。是一种广谱、高效消毒剂。对病毒、细菌、支原体等有效。

3. 酸类（如醋酸、乳酸等）

（1）作用机理。高浓度的氢离子能使菌体蛋白变性和水解，而低浓度的氢离子可以改变细菌体表蛋白两性物质的离解度，抑制细胞膜的通透性，影响细菌的吸收、排泄、代谢和生长。氢离子还可与其他阳离子在菌体表面竞争性吸附，妨碍细菌的正常活动。

（2）特点。对伤寒杆菌、大肠杆菌、葡萄球菌和链球菌具有杀灭抑制作用，酸类消毒剂的蒸气或喷雾可用于消毒空气，能杀死流感病毒及某些革兰氏阳性菌。乳酸空气消毒有价廉、毒性低的优点。

4. 碘类（如聚维酮碘等）

（1）作用机理。通过不断释放游离碘，破坏菌体新陈代谢，使细菌等微生物失活，对细菌、真菌、病毒和芽孢均有良好的杀灭作用，是一种高效低毒的杀菌药物。

（2）特点。本品杀菌谱广，杀菌能力强，能直接杀灭细菌、真菌、病毒、芽孢与原虫。杀菌速度快，对皮肤黏膜无刺激，无毒性、作用持久，不易发生过敏反应，有较强的杀灭作用。使用安全、简便。10%聚维酮碘的溶液，有效杀灭新城疫病毒、法氏囊病毒、禽流感病毒、支原体、大肠杆菌、沙门氏菌、流感病毒等；还能杀灭畜禽寄生虫虫卵，能抑制蚊蝇等昆虫的滋生；并能用于果树、农作物、鱼虾养殖当中。

5. 氯制剂（如二氯异氰尿酸钠粉等）

（1）作用机理。对细菌原生质及其他结构成分有高度的亲和力，易渗入细胞。之后，与菌体原浆蛋白的氨基或其他基团相结合，使其菌体有机物分解或丧失功能，呈现杀菌作用。在水中分解为次氯酸和氰尿酸，次氯酸释放出活性氯和初生态氧，对细菌原浆蛋白产生氯化和氧化反应而呈杀菌作用。

（2）特点。杀菌作用快，腐蚀性和刺激性较轻微，毒性低，受有机物影响小，水溶液作用后分解快、无残留。

在这5次消杀过程中，每次都选用不同种类的消毒剂，增加消毒剂的抗菌谱，防止细菌产生耐药。在这样一个密闭的环境中，采用脉冲式环境消毒法，能最大限度地达到对病原微生物的抑菌杀菌作用，能达到接近于灭菌的状态。同时，还能增加育雏舍湿度，为育雏提供一个良好的湿度。网养的情况下可在72h内不用通风，基本保证雏鸡处于一个无害环境。良好的消毒措施是肉鸡前期的管理重点，对于整个肉鸡养殖过程具有决定性的意义。

第七节　肉鸡生产技术要点

一、进雏准备

雏鸡入舍后的前72h管理是至关重要的，直接影响到肉鸡出栏后的经济效益指数以及管理的成败。72h以内的雏鸡对外界环境极其敏感，此时的雏鸡体温调节能力差，肠道还没有发育好，主要依赖卵黄营养维持生命。72h的管理主要围绕为雏鸡提供稳定的、卫生的生存环境和开水、开食来展开。

1. 雏鸡运输　雏鸡运输管理是72h管理的第一步，也是关键一步。雏鸡运输必须使用具备保温、隔热、通风能力的专用车辆。在装运鸡苗前，对车辆内外进行彻底消毒，消毒所用消毒剂应选择高效且腐蚀性低的药物，防止药物残留灼伤雏鸡呼吸道、消化道黏膜。雏鸡装车后立即上路行驶，中途停车时间每次不得超过10min。若因特殊情况停车时间超过10min时，应打开车门、侧窗，专人照料鸡群，使其不超温、不受凉、不缺氧。无论停车还是行车都必须保证车厢内温度不高于28℃，不低于27℃；鸡苗箱内温度不高于37℃，不低于35℃；保持通风，不缺氧。雏鸡在运输途中出现超温（苗箱内高于38℃），会引起雏鸡脱水，卵黄重量减轻，影响育雏成活率和周末体重（周末称重）。雏鸡运输途中出现低温（苗箱内低于35℃），会引起雏鸡受凉感冒，免疫力降低，容易造成早期细菌感染。雏鸡在运输途中出现缺氧，会引起小脑软化和肝脏坏死，出现神经症状，免疫力下降。

2. 接雏准备与接雏　接雏准备工作是根据雏鸡的生理需要和生理特点展开的。鸡苗入舍前 15h 把鸡舍温度升至 35℃，每 3h 对鸡舍空间、墙壁、网架等进行喷雾消毒 1 次，使用两种以上低腐蚀性、高效消毒剂交替进行。在雏鸡入舍前把舍内相对湿度提高到 70%（在高温、高湿的环境中，消毒剂的消杀效果会得到大幅度提高。雏鸡入舍前，要为雏鸡提供一个温暖、湿润、洁净的生存环境）。雏鸡入舍前 2h，上水上料（如果使用凉水应提前 4h 上水预温），保证雏鸡入舍时水温在 22℃左右，否则会出现雏鸡拒饮或饮后发冷扎堆。雏鸡采食饮水的器具要摆放充足，标准是雏鸡从任何地方出发步行 1m 以内能够找到水、料。

鸡苗入场后立即卸车，快速进入鸡舍。鸡苗入舍后，要单层摆放并掀掉苗箱盖，因为鸡舍内温度较高。若苗箱重叠摆放或不开盖，苗箱内温度会在 10min 内超过 40℃。鸡苗入舍在清点数字和记录初生重后即可放入网架中。

3. 早期管理　鸡苗放入网架 30min 后要观察鸡苗对温度的反应，即寻找体感温度。因品种、种鸡日龄、舍内湿度、风速以及鸡舍的密封性都会对雏鸡体感温度造成影响，雏鸡的体感温度应视雏鸡的舒适度为标准。观察雏鸡的表现，正确的体感温度表现为雏鸡活泼好动，不张口呼吸，也不靠近热源或挤堆。通过观察鸡群表现调整鸡舍内温度，待确认雏鸡的体感温度以后，此温度作为 72h 的恒定温度。

雏鸡入舍 4h 后，用手触摸嗉囊检查雏鸡开食情况，8h 后再次检查雏鸡开食情况。如雏鸡入舍 8h 后还有部分雏鸡嗉囊是空的，应马上检查舍内温度、湿度、光照、密度是否合理，水、料盘是否充足。排除影响因素，确保雏鸡入舍 20h 内全部开水、开食成功。

雏鸡入舍前3d保持24h光照，光照度为（日光灯）每平方米2W。每天上料次数不低于10次，保持少喂勤添，每天2次清洁饲喂器具。

雏鸡从1日龄开始对声音敏感，喜欢追逐声音源，鸡场应保持静音管理，舍内可通过雏鸡这一特性引导鸡群跑动，有利于雏鸡健康。同时可以发现弱雏，进行淘汰。

雏鸡前72h管理要保持各种环境条件的相对稳定，使雏鸡卵黄吸收迅速，顺利从卵黄营养过渡到肠道营养，为下一环节管理打下良好基础。

二、肉鸡生产作业日程表（1～14日龄）

进雏前5d熏蒸消毒。关闭门窗和通风孔，为提高熏蒸消毒效果，使舍温达到24℃以上，相对湿度达到75%以上。用药量按每200m³空间用一袋烟雾杀星（500g）。

进雏前4d熏蒸24h后打开门窗和通气口，充分换气。注意：进出净化了的区域必须消毒，更换干净的衣服和鞋，搬入的物品也必须是干净的。每舍门口设消毒池（盆）。

进雏前2d关闭门窗，准备和检查落实进雏前的一切准备工作，包括保温措施、饲料、药品、疫苗、煤等。

进雏前1d冬春季节鸡舍开始预热升温，注意检查炉子是否好烧，有无漏烟、倒烟、回水现象，有无火灾隐患。

进雏前12h开始生火预热，使舍温和育雏器温度达到要求，铺好垫料、饲料袋皮，准备好雏鸡料、红糖或葡萄糖、复合维生素和药品，设置好雏鸡的护栏。

1. 1～2日龄

（1）在进雏前2h将饮水器装满20℃左右的温开水，水中可加5%的红糖或葡萄糖、适量复合维生素和黄芪多糖，恩诺沙星通过拌料给药，对运输距离较远或存放时间太长的雏鸡，饮水中还需加适量的补液盐。添水量以每只鸡6mL计，将饮水器均匀地分布在育雏器边缘。

（2）注意温度状况，育雏温度稳定在34～36℃。注意通风，保持鸡舍相对湿度70%。如有雏鸡“洗澡”现象，适当降低室内温度。

（3）进雏后，边清点雏鸡，边将雏鸡安置在育雏器内休息。待雏鸡开始活动后，先教雏鸡饮水，每百只鸡抓5只，将喙按入水中，1s左右后松开。

（4）雏鸡饮水2～3h后，开始喂料，将饲料撒到垫纸上，少给勤添，每2h喂一次料。第一次喂料为每只鸡20min吃完0.5g为度，以后逐渐增加。

（5）采用60W灯泡，保持22h光照。

（6）注意观察雏鸡的动态，密切注意舍内的温度、通风状况和湿度，判断环境是否适宜。

（7）喂料时注意检出没学会饮水、采食的雏鸡，放在适宜的环境中设法调教，挑出弱雏、病雏及时淘汰。

（8）注意观察粪便状况，粪便在检测纸上的水圈过大，是雏鸡受凉的标志。发现雏鸡有腹泻时，应该立即从环境控制、卫生管理和用药上采取相应措施。

（9）2日龄时在饮水器底下垫上一砖，有利于保持饮水的干净和避免饮水器周围的垫料潮湿。注意饮水和饲料卫生，每天刷洗2～3次饮水器。

（10）注意填写好工作记录。

2.3～6日龄

（1）注意观察鸡群的采食、饮水、呼吸及粪便状况。

（2）注意鸡舍内环境的稳定。

（3）清理更换保温伞内的垫料，扩大保温伞（棚）上方的通气口。

（4）清扫舍外环境并用2%火碱消毒，注意更换舍门口消毒池内的消毒液。

（5）改进通风换气方式，每1～2h打开门窗30s至1min，待舍内完全换成新鲜空气后关上门窗。

（6）改成每天喂料6次，3d之内逐步转换成用料桶喂料。

（7）温暖季节饮水器中可以直接添加凉水，水中按说明比例添加二氧化氯等消毒药，注意消毒药的比例一定要正确。

（8）开始逐渐降低育雏温度，每天降0.4～0.6℃。必须逐渐降温，降温速度视雏群状态和气候变化而定。白天可以降得多一些。

（9）注意观察雏鸡有无接种疫苗后的副反应，如果精神状态等有反应时，应该将舍温提高1～2℃，并在饮水中连续3d加入黄芪多糖、抗生素。

（10）舍内隔日带鸡喷雾消毒一次，消毒剂用量为每平方米35mL，浓度按消毒剂说明书配制，消毒剂选用聚维酮碘或双链季铵盐络合碘。

（11）根据鸡群活动状况逐渐扩大护围栏。

（12）保持22h光照。

3.7～9日龄

（1）接种新流灭活联苗，每只雏鸡0.3mL，颈部皮下注射。

（2）接种新支肾弱毒疫苗，滴鼻、点眼，每鸡2头份。免疫时抓鸡要轻，待疫苗完全吸入鼻孔和眼中后才放鸡。免疫当天的饮水中不加消毒剂，可适当添加复合维生素。

（3）周末称重。抽样2%或100只鸡称重。为使称重的鸡具有代表性，让鸡群活动开后，从5个以上点随机取样，逐只称重。

（4）计算鸡群的平均体重和均匀度，检查总结一周内的管理工作。

（5）完全用料桶喂鸡，每天4～5次。

（6）换用15W灯泡，光照时间由22h改为20h。

（7）隔日舍内带鸡消毒，周末对舍外环境清扫消毒。

（8）在控制好温度的同时，逐步增加通风换气量，注意维持环境的稳定。

（9）调节好料桶与饮水器的高度。

4. 10 日龄

（1）撤去护围栏。

（2）夜间熄灯后仔细倾听鸡群内有无异常呼吸音。

（3）日常管理同前，控制好温度，注意通风换气。

5. 11～13 日龄

（1）注意日常管理，注意降温和通风换气。

（2）注意观察鸡群有无呼吸道症状、有无神经症状、有无不正常的粪便。

（3）注意肉鸡腺胃、肌胃炎和肠毒综合征的预防控制。

（4）用优质垫料更换雏鸡休息的保温伞（棚）内的垫料。

6. 14 日龄

（1）根据鸡群的生长状况，可将光照时间控制在 20h 以内。

（2）法氏囊疫苗 B87 饮水免疫。

（3）饮水中加水溶性复合维生素。

（4）鸡群称重。方法同第一次，根据平均体重和鸡群均匀度分析鸡群的管理状况。

三、商品肉鸡科学饲养要点分析

现代商品肉鸡要求快速养殖成品出售，想要提高肉鸡的养殖速度必须采用科学的饲养方法解决。近年来，在生产实践中摸索出一种养殖方式，可推动肉鸡养殖业高效发展。

（一）坚持一个理念——“全进全出”的饲养理念

即同一栋鸡舍内饲养同一日龄的雏鸡，出售时同一天全部出场。优点是便于采用统一的温度、同一标准的饲料，出场后便于统一打扫、清洗和消毒，便于有效地杜绝循环感染。鸡舍熏蒸消毒后，应封闭一周再接养下一批雏鸡。“全进全出”制饲养比

“连续生产”制饲养增重快、耗料少、死亡率低、生产效益高。

（二）遵循两条原则

1. 科学选雏的原则 农户饲养肉雏鸡大都依靠外购，而从外面购入雏鸡的好与坏，对育雏的效果影响很大，并直接影响养殖效益的高低。为提高育雏成活率，购雏时必须严把质量关，严格挑选，确保种源可靠、品种纯正和鸡苗健康，切不可购进不健康的鸡苗。挑选雏鸡时，除了注重品种优良以外，还必须保证种鸡来自非疫区。选择良种鸡可以通过“一看、二摸、三听”的方法来鉴别。一看：即看雏鸡的羽毛是否整洁，喙、腿、翅、趾有无残缺，动作是否灵活，眼睛是否正常，肛门有无白粪黏着。一般健康雏鸡两腿站立坚实，羽毛富有光泽，肛门清洁无污物。二摸：即将雏鸡抓握在手中，触摸膘肥程度、骨架发育状态、腹部大小及松软程度、卵黄吸收程度和脐环闭合状况等。一般健康雏鸡体重适中，握在手中感觉有膘，饱满，挣扎有力，腹部柔软，大小适中，脐环闭合良好，干燥，其上覆盖绒毛。三听：即听雏鸡的叫声来判断雏鸡的健康状态。一般健康雏鸡叫声洪亮而清脆。

2. 公母分群的原则 公母雏鸡生理基础不同，因而对生活环境、营养条件的要求和反应也不同。主要表现为：生长速度的不同，4 周龄时公雏鸡比母雏鸡体重高 13%，6 周龄时高 20%，8 周龄时高 27%；沉积脂肪的能力不同，母雏鸡比公雏鸡容易沉积脂肪；对饲料要求不同；羽毛生长速度不同，公雏鸡长羽慢，母雏鸡长羽快；表现出胸囊肿的严重程度不同，对湿度的要求也不同。

公母雏分群后，应采取下列饲养管理措施：母鸡生长速度在 7 周龄后相对下降，而饲料消耗急剧增加。因此，母鸡应在 7 周末出售。公鸡生长速度在 9 周龄以后才下降。所以，公鸡应到 9 周龄时出售才合算。公雏鸡能更有效地利用高蛋白质日粮，前期日粮中蛋白质应提高到 24%～25%，母雏鸡则不能利用高蛋白质日粮，而且会将多余的蛋白质在体内转化为脂肪，很不经济；若在饲料中添加赖氨酸，公雏鸡反应迅速，饲料效益明显提高，而母雏鸡则反应效果很小；若喂金霉素可提高母雏鸡的饲料转化率，而公雏鸡则没有反应。由于公雏鸡羽毛生长速度慢，所以，前期需要稍高的温度，后期公雏鸡比母雏鸡怕热，温度宜稍低一些。因为公鸡体重大，胸囊肿比较严重，故应给予更松软、更厚些的垫草。抓好三期饲养：育雏期（0～3 周龄）饲养目标就是使各周龄体重适时达标。据资料介绍，1 周龄末体重每少 1g，出栏时体重将少 10～15g。为了让 1 周龄末的体重达标，第一周要充分搞好饲养，喂高能量、高蛋白质日粮：能量不能低于 13.37MJ/kg，蛋白质要达到 22%～23%，应在日粮中及时添加外补充维生素。2～3 周龄要适当限饲，以防止体重超标，从而降低腹水症、猝死症和腿疾的发生率。此期的饲料中蛋白质不能低于 21%，能量保持在每千克 12.46～13.37MJ。中鸡期（4～6 周龄）是肉鸡骨架成型阶段，饲养重点是提供营养平衡的全价日粮。此期饲料中的蛋白质应达到 19% 以上，能量维持在 13.38MJ/kg 左右。育肥期（6 周龄至出栏）为加快增重，饲料中要增加日粮能量浓度，可以在日粮中添加 1%～5%动物油脂，此期饲料中粗蛋白质可降至 17%～18%。

（三）解决三个问题

1. 胸囊肿的问题　即肉鸡胸部皮下发生的局部炎症，是肉鸡常见的疾病。它不传染也不影响生长，但影响胴体的商品价值和等级。应该针对其产生的原因采取有效的预防措施：①尽量使垫草干燥、松软，及时更换板结、潮湿的垫草，保持垫草应有的厚度。②减少肉鸡卧地的时间，肉鸡 1d 当中有 68%～72%的时间处于俯卧状态，俯卧时体重的 60%左右由胸部支撑，胸部受压时间长，压力大，胸部羽毛又长得慢、长得晚，故容易造成胸囊肿。因此，应采取少喂多餐的办法，促使肉鸡站起来采食活动。③若采用铁网平养或笼养，应加一层弹性塑料网。

2. 腹水症的问题 腹水症是一种非传染性疾病，其发生与缺氧、缺硒及某些药物的长期使用有关。控制肉鸡腹水症发生的措施：①改善环境通气条件，特别是在肉鸡饲养密度大的情况下，应充分注意鸡舍的通风换气。②防止饲料中缺硒和维生素。③发现轻度腹水症时，应在饲料中补加维生素 C，用量为 0.05%。同时，对环境和饲料做全面的检查，采取相应的措施来控制腹水症的发生。8～18 日龄只喂给正常饲料量的 80%左右，也可防止腹水症的发生。

3. 腿病的问题 随着肉鸡生产性能的提高，腿部疾病的严重程度也在增加。引起腿病的原因是各种各样的，归纳起来有以下 4 类：遗传性腿病，如胫骨软骨发育异常、脊椎滑脱症等；感染性腿病，如化脓性关节炎、鸡脑脊髓炎、病毒性腱鞘炎等；营养性腿病，如脱腱症、软骨症、维生素 B_2 缺乏症等；管理性腿病，如风湿性和外伤性腿病。预防肉鸡腿病，应采取以下措施：①完善防疫保健措施，杜绝感染性腿病的发生。②确保微量元素及维生素的合理供给，避免因缺乏钙磷而引起的软脚病，缺乏锰、锌、胆碱、尼克酸、叶酸、生物素和维生素 B_6 等所引起的脱腱症，缺乏维生素 B_2 引起的卷趾病。③加强管理，确保肉鸡合理的生活环境，避免因垫草湿度过大、脱温过早以及抓鸡的方法不当而造成的脚病。

四、巡查鸡舍的 10 项内容

在养鸡场，兽医技术人员应经常到鸡舍巡查，每天不少于两次，以便随时了解鸡群状况，及早发现问题、及早处理。技术人员巡查时，应掌握以下 10 项内容：

1. 查有害气体 对鸡危害最大的气体是氨气和硫化氢。由于氨的挥发性和刺激性强，如果鸡舍有大量的氨气产生，一进鸡舍就会首先感知。当嗅到氨气的气味时，说明鸡舍内氨气早已超标。硫化氢比重大，越接近地面的浓度越高。如果在鸡舍的稍高处嗅到硫化氢气味，则表明鸡舍内的硫化氢已经严重超标。当鸡舍中出现以下情况时，可判定空气中确有过量的硫化氢存在：①铜质器具表面因生成硫酸铜而变黑。②镀锌的铁器表面有白色沉淀物。③黑色美术颜料褪色。另外，用煤炉保温的鸡舍应避免人员和鸡的一氧化碳中毒。当以上3种有害气体超量时，应立即采取相应措施，如适当加大通风量、更换垫料等，以减轻和杜绝对鸡的危害。

2. 查温度　对养鸡来说，温度是至关重要的。要查验温度计上的温度与实际要求的温度是否吻合。如温度相差很大，要立即采取升温或降温措施，并要求管理人员把温度控制在要求范围内。

3. 查通风　检查一下通风是否良好。尤其是在冬季气温低的情况下，人们往往只注意保暖而忽视了正常的通风。通风良好时，鸡只活泼好动，舍内无异味，特别是温度和通风都达标时，会有一种舒爽的感觉。如果发现鸡无病打蔫、呼吸微喘、异味很浓、灰尘弥漫，说明鸡舍内通风极度不良，应立即加强通风。

4. 查粪便　查看粪便的颜色以及是否有血便。一般来讲，肉鸡的粪便呈条状。有些疾病可使鸡产生下痢，如传染性法氏囊病与传染性支气管炎，鸡的粪便呈黄白色；鸡患新城疫时，排绿色、黄白色水样粪便；舍内有血便，鸡多数感染了球虫。当发现以上异常粪便时，应找到排粪的鸡，必要时给予剖检。

5. 查湿度　查看湿度是否符合标准。湿度高则微生物易存活，如果伴有温度低时则更加重低温的危害。湿度低则鸡舍干燥，鸡易得呼吸道病，尤其是雏鸡，长时间干燥的环境可使雏鸡脱水、衰弱。因此，要重视对鸡舍湿度的调整。

6. 查死鸡数量　无论是雏鸡、育成鸡或育肥鸡，每天都可能有极少数量的弱鸡由于各种原因而死亡，这是正常现象。正常情况下，雏鸡死亡率应不超过0.05%，育成鸡不超过0.01%，育肥鸡不超过0.03%。若发现死亡数量过大，就应引起注意，要马上多剖检几只死鸡或送检，以找出死亡原因。

7. 查光照 大多数肉鸡场在夜间执行间歇式光照方案，以促进肉鸡生长及提高饲料转化率，这也需要兽医技术人员检查执行。此外，还要注意光照的强弱。

8. 查鸡发出的声音 正常情况下，鸡不会发出异常声音，但在有些疾病，如传染性支气管炎、慢性呼吸道病及鸡新城疫时，病鸡会发出咳嗽、喷嚏和“呼噜”声，尤其在夜间声音更为清晰。发现这些异常声音即预示鸡群已有传染病发生，必须尽快确诊。

9. 查鸡饮水与吃料的情况 如出现耗料下降或仅饮水不吃料，可能预示鸡已感染了某些疾病，要尽早查明原因，及早治疗。

10. 查免疫后的反应 预防免疫后，兽医技术人员要随时观察鸡群免疫后的反应。如鸡新城疫疫苗免疫后仍不断出现新城疫病鸡；传染性支气管炎免疫后呼吸道症状反而加重了，这些都说明免疫失败了，应尽快从多方面查找原因，采取补救措施。

第八节 肉鸡的精准饲喂

一、肉鸡饲料配方

1. 肉雏鸡的饲料配方 配方1：玉米55.3%，豆粕38%，磷酸氢钙1.4%，石粉1%，食盐0.3%，油3%，添加剂1%。配方2：玉米54.2%，豆粕34%，菜粕5%，磷酸氢钙1.5%，石粉1%，食盐0.3%，油3%，添加剂1%。配方3：玉米55.2%，豆粕32%，鱼粉2%，菜粕4%，磷酸氢钙1.5%，石粉1%，食盐0.3%，油3%，添加剂1%。

2. 肉中鸡的饲料配方 配方1：玉米58.2%，豆粕35%，磷酸氢钙1.4%，石粉1.1%，食盐0.3%，油3%，添加剂1%。

配方2：玉米57.2%，豆粕31.5%，菜粕5%，磷酸氢钙1.3%，石粉1.2%，食盐0.3%，油2.5%，添加剂1%。配方3：玉米57.7%，豆粕27%，鱼粉2%，菜粕4%，棉粕3%，磷酸氢钙1.3%，石粉1.2%，食盐0.3%，油2.5%，添加剂1%。

3. 肉大鸡的饲料配方　配方1：玉米60.2%，麦麸3%，豆粕30%，磷酸氢钙1.3%，石粉1.2%，食盐0.3%，油3%，添加剂1%。配方2：玉米59.2%，麦麸2%，豆粕22.5%，菜粕9.5%，磷酸氢钙1.3%，石粉1.2%，食盐0.3%，油3%，添加剂1%。配方3：玉米60.7%，豆粕21%，鱼粉2%，菜粕4.5%，棉粕5%，磷酸氢钙1.3%，石粉1.2%，食盐0.3%，油3%，添加剂1%。

4. 注意事项　肉鸡饲料必须含有较高的能量和蛋白质，适量添加维生素、矿物质及微量元素，最好在肉鸡的不同生长阶段采用不同的全价配合料，不限饲喂量，任其自由采食，每天定时加料，添料不要超过饲槽高度的1/3，以免啄出浪费。不喂霉烂变质的饲料，并保证新鲜清洁充足的饮水。在开食前的饮水中加入5%～10%的葡萄糖或蔗糖有利于雏鸡体力恢复和生长。

二、肉鸡的分段饲喂技术

一般肉鸡的饲养都是群养，让鸡自由采食，将肉鸡分段饲养，可以取得很好的饲养效果，而且还可以减少饲养成本，提高饲料报酬率。现将肉鸡三段饲养法提供如下：根据肉鸡的生理特点，刚出壳的雏鸡绒毛短而稀，且体温比成年鸡低3℃左右，4日龄后体温逐渐升高，10日龄达到成年鸡的体温。雏鸡胃肠容积小，对食物的消化能力差，但生长发育快。因此，生产中依据这些生理特点以及生长规律，可将肉鸡的饲养管理分为以下3个阶段：第一阶段0～14日龄，第二阶段15～35日龄，第三阶段36日龄至出栏。

（一）各阶段的饲养技术要点

第一阶段：此阶段由于雏鸡刚从孵化室转到育雏室，有的鸡还要经过储存或长途运输，经受了饥渴和颠簸等应激，才来到新的生活环境。因此，此阶段的饲养管理要点是尽快让雏鸡适应新的生活环境，减少应激，降低疾病的发生，提高生长速度。因为肉鸡 7 日龄的体重与出栏体重呈较大的正相关。

第二阶段：此阶段雏鸡已基本适应了新的生活环境，逐渐进入快速生长期。因此，此阶段的主要任务是提高鸡雏体质，促进鸡体框架的形成，促进肉鸡内脏器官发育和腿部的健壮有力，为下一阶段的生长发育打下坚实的基础，促进后期快速生长发育、少患疾病。试验表明，对 14 日龄后的肉鸡限饲 3 周，可明显地提高饲料的有效利用率和肉鸡的成活率。这一阶段肉鸡生长受到的抑制可在第三阶段得到充分有效的补偿。

第三阶段：此阶段肉鸡的体架已经形成，且体质健壮、代谢旺盛。此时的主要技术要点是采取一切有效措施促进肉鸡采食和消化吸收，降低机体消耗，使饲料的转化率达到最大值。

（二）各阶段的具体饲养管理措施

第一阶段：给雏鸡提供高质量的充足的饮水（最好是 18～22℃的温开水），并供给体积小、易于消化吸收的全价配合饲料。饲料添加量以占食槽容积的 1/3～1/2 为好。第 1d 采用 24h 光照，光照度为每平方米 4W，以后逐渐减少光照时间直至过渡到自然光照。试验表明，渐减而后渐增的光照方式，可在一定程度上促进肉鸡内脏器官的发育和骨骼的钙化，使肉鸡保持良好的健康状况。同时，还可以带来肉鸡后期的补偿生长，有效地降低疾病的发生。

第二阶段：根据肉鸡的生长情况，适当加大饲料粒度，降低饲料中能量和蛋白质的含量，一般可降低 10%左右，但饲料中的各种维生素、微量元素和矿物质要按标准要求供给。饲喂方法：每天定时喂 3 次。管理方法：主要是注意运动，如晚上用竹竿轻轻驱赶肉鸡，以提高肉鸡的运动量，达到锻炼内脏器官的目的，又可以减少胸部压力的刺激。适当增加光照度和时长，有利于运动，减少疾病的发生。

第三阶段：要供给优质的育肥饲料，营养全价，能量高，蛋能比合适。配合饲料时要注意以下 3 点：①原料要多样化和低纤维化；②添加 3%～5%的动植物油；③饲料状态要尽量采用颗粒饲料。饲喂次数应由原来的 3 次增加到 5 次，或者采用自由采用的方式，保持槽内不断料，满足鸡自由采食的要求。管理方面：在不影响鸡群健康的情况下，要减少运动量，并配合低光照度。密度过大则限制采食影响肉鸡休息，致使鸡群生长不均匀。同时，又会造成室内空气浑浊，诱发疾病。因此，饲养密度一定要合适，一般情况下适宜的饲养密度为冬季 12～15 只/m^2，保持室内空气清新，使温度保持在 18℃左右、相对湿度保持在 55%左右为宜。

第九节　鸡舍饲养环境的控制

一、创造良好的饲养环境

这是肉鸡饲养成功的必要保证，创造一个有利于快速生长和健康发育的生活环境是肉鸡发挥其遗传潜力的基本要求。

1. 温度控制　雏鸡缺乏体温调节能力，必须人为提供适宜的温度。温度过高，鸡拥向远离热源的墙壁及漏风处，采食减少，饮水增加，生长缓慢；温度过低，鸡扎堆并拥向热源，卵黄吸收不良，引起呼吸道疾病，消化不良，增加饲料消耗。而且，扎堆还会造成鸡压死的现象。

测定环境温度，温度计的高度要以鸡背水平线处为准。育雏时，温度计位置距热源适中，不可太近或太远。应结合温度计的读数与鸡群的分布情况综合衡量温度，即所谓的“看鸡施温”。原则就是鸡群要均匀分布、活动自如。肉鸡育雏期的温度要求：

1～2 日龄为 33～35℃；3～4 日龄为 31～33℃；5～7 日龄为 29～33℃；2 周龄为 27～29℃；3 周龄为 24～26℃；4 周龄为 21～23℃，5 周龄以后为 18～27℃。

2. 湿度控制 湿度即空气中的含水量，适宜的湿度与鸡只正常发育密切相关。湿度大，鸡舍潮湿，垫料易霉变，细菌繁殖快，鸡易得大肠杆菌、球虫、霉菌等疾病；湿度小，鸡舍干燥灰尘大，鸡易发呼吸道疾病等。

育雏期（前 3 周）相对湿度控制在 65%～75%最适宜。此期间因舍温高而空气易干燥，这时用消毒水喷雾可一举两得；后期应避免高湿，相对湿度应控制在 55%～60%，而此期因饮水量大、呼吸量大导致空气潮湿，这时应添加干爽垫料，加强通风。

3. 通风换气控制 通风换气，适当地排除舍内的污浊空气、病原微生物、灰尘和水汽等，降低它们对鸡生长发育的影响。另外，换进外界新鲜的空气，促进鸡的快速生长。鸡舍通风可以通过自然通风和机械通风来完成。

鸡舍内的有害气体主要有氨气、硫化氢、一氧化碳、二氧化碳等。氨气浓度过高时，常发生黏膜的碱损伤和全身碱中毒、黏膜充血症、呼吸道疾病和贫血。严重时，还会导致黏膜水肿、肺水肿和中枢神经中毒性麻痹。硫化氢浓度过高时，易引起黏膜酸损伤和全身酸中毒，情况如同氨气。二氧化碳浓度过高，持续时间长时主要是造成缺氧。所以，一般情况下鸡舍氨气的浓度不能超过 20μL/L。

4. 光照控制 光照控制主要是控制光照时间和光照度。肉鸡的光照有两个特点：①光照时间尽可能延长，这是延长鸡的采食时间，适应快速成长，缩短生长周期的需要。②光照度要尽可能弱，这是为了减少鸡的兴奋和运动，提高饲料转化率。

肉鸡常用的光照时间：①1～2 日龄 24h 光照，让鸡尽可能地适应新环境。②3 日龄以后 23h 光照、1h 黑暗，黑暗是为了使鸡适应生产过程中突然停电避免引起炸群等应激。黑暗时间在晚上，即天黑以后不开灯，停 1h 后再开灯。

肉鸡常用的光照度：①1～5 日龄，每平方米 1.5～2.0W，灯泡功率不宜过大。②6 日龄至出栏，每平方米 0.75～1.0W。③白天日光强度大时，要适当地遮光，光度过强易使鸡兴奋并导致啄癖，对生长催肥不利。

5. 饮水管理　雏鸡体内的水分含量占 60%～70%，它存在于鸡体的所有细胞内。因脱水或排泄损失 10%的水分就会引起机能失调，损失 20%的水分会引起死亡。

水对肉鸡所有的生理过程，如消化、新陈代谢和呼吸等都是非常重要的。水可以通过吸收和排放而调节体温，也是身体器官产生废物的载体。每 100 只 1 日龄雏鸡应配有 1 个 4L 的饮水器，把这些饮水器适当地与料盘交替放置。为了不使垫料掉在饮水器的槽内，可在饮水器下放一块 15cm×15cm×2cm 的板或砖，使饮水器稍垫高一点。饮水应每天更换，并要经常在注水前清洗和消毒饮水器。但饮水免疫的前 1 天，不要对饮水器消毒，以免影响免疫效果。

1 周后如果用水槽，每只鸡要有 1.8cm 的饮水空间，这个空间到上市时都是够用的。计算饮水空间，要计算槽式饮水器的两边。如仍用饮水器，每 100 只鸡需 1 个饮水器。饮水器的摆放原则是，应使鸡在不超过 2.5m 的范围内能找到饮水，饮水器高度应保持在鸡背高度。这样洒水最少，有利于垫料的管理，一般对肉鸡不控制饮水。鸡的饮水量一般是饲料的 1.5～2.5 倍，温度越高，饮水量越大。饮水器每周清洗消毒 2 次。

6. 给饲管理　要根据品种标准核算每天的给饲量，饲喂时要少喂勤添，1～5 日龄每天 8 次；5 日龄后逐渐减少，后期每天 3 次。

饲槽的高度要与鸡背平行，不同型号的饲料交替时要逐渐变换。夏季高温时，尽量调整饲喂时间，在早晨和傍晚进行。另外，一定要注意饲料的保管，以防饲料霉变。具体做法是，饲料应放在单独的饲料房内且通风良好，并注意堆放高度。

7. 勤观察鸡群，及时做好日常记录 经常观察鸡群是肉鸡管理的一项重要工作。通过观察鸡群，一是可促进鸡舍环境的随时改善，避免环境不良所造成的应激；二是可尽早发现疾病的前兆，以便早防早治。

悉心观察：观察的内容有鸡群分布情况、羽毛与精神状况、粪便有无异常、呼吸道有无异常声音、采食与饮水是否正常。根据观察的结果综合分析鸡群健康与否，及时采取相应的措施。

认真记录：做好日常饲养记录，主要记录每天的死亡、淘汰、用料、用药、免疫接种等，定期称重。以上记录为日后出栏的效益分析提供了原始材料，并为下批鸡的饲养提供经验教训。

8. 选择最佳出栏日龄

（1）适时出栏。肉鸡什么时候出栏效果最好受诸多因素的影响。就生长规律来说，一般是在日增重达最大高峰后最佳（46～52 日龄）。出栏过晚（出栏时间大于 56 日龄），料肉比增大，饲料投入多，日增重少，收益率降低。

（2）依品种出栏。不同品种肉鸡的日增重最大高峰时期是不一样的。就快大型白羽鸡来说，在 7 周龄左右出栏饲料效果最高。因此，具体最佳出售日龄，应结合市场价格行情等情况综合考虑。

（3）看市场价格出栏。如果肉鸡市场价格平稳，稳中有升，可选择出栏日龄上限（52 日龄）出栏；如果肉鸡市场价格呈小幅下降趋势，则可选择出栏日龄下限（46 日龄）出栏；如果肉鸡市场价格呈大幅下降趋势，则可选择肉鸡收购最低体重限制要求出栏。

二、“三供五控”饲养法

“三供”指水、料、氧气，“五控”指温度、湿度、光照、风速、密度。水、料、氧气都是生命必不可少的，少了其中任意一项生命就将不能存活。所以，当生理感受和生命所需冲突时“首保生命所需，次保生理感受”。

一般养殖过程中肉鸡不缺水和料，而出现问题最多的是氧气的供应不足。因为氧气是否充足无法直接衡量，所以在养殖过程中，因为新鲜空气供应不足而导致肉鸡缺氧窒息的事情时有发生，给肉鸡养殖带来了很大的损失。虽然氧气没法衡量，但是可以计算通风量，通过通风量来计算肉鸡所需的氧气，从而供给肉鸡足够氧气。

“五控”应该顺应自然，满足肉鸡的生理感受。

温度：温度数据可以作为一个参考，应以肉鸡的体感温度作为温度的标准。

湿度：保证一个适合肉鸡的湿度。

风速：风速、温度、室内温度相互作用改变肉鸡体感温度，应注意育雏期和育成期风速的变化，1～24 日龄舍内风速控制在每秒 0.2m 内，25～42 日龄提高风速以提升舍内空气质量，采取纵向通风，风速控制在每秒 2～2.5m。

光照：控光不控料，利用光照可以控制肉鸡的生长速度，脾脏营养首先供应活跃的器官，根据活跃度的强弱分别是脑、心脏、骨骼（横纹肌）、免疫系统、内脏（平滑肌）。其中最不活跃的就属内脏系统了，为了让内脏系统得到更多的营养，缩小内脏和骨骼发育的差距，就要较少光照时间。在黑暗中，能首先让脾脏将营养供给内脏系统。

密度：肉鸡饲养密度取决于硬件条件、环境控制能力、外界气候和鸡的饲养日龄等综合因素。总的原则是只要在有条件的情况下（平均煤耗每只鸡不超过 0.8 元），前 4 周的饲养密度越小，鸡就越健康，环境压力就越小，用药量就越少。

三、生产统计

1. 统计意义与作用 肉鸡养殖投资大，风险高，效益低，生产效益是肉鸡养殖场的生命线。统计工作是通过搜集、汇总、计算统计数据来反映肉鸡生产状况与发展规律。通过数字揭示肉鸡在特定时间、特定方面的特征表现，帮助人们对肉鸡健康度和生产效益进行定量乃至定性分析，从而作出正确的决策。正因为如此，肉鸡生产统计需要把如肉鸡生长信息、环境信息、生物安全信息结合在一起进行综合分析，既可了解生产现状也可总结过去、预测结果。如果一个养鸡场建立或完善了一套既科学合理又行之有效的统计工作制度，那么，这套制度对企业而言，将具有以下作用：①既可以反映养鸡场在某一时点上的现状，也可以反映在一个特定时期内的动态。②既可以反映养鸡场的技术水平，也可以反映企业的效益与效率。③既可以反映养鸡场的生产情况，又可以反映与生产经营活动有关的方方面面。养鸡场生产统计制度的健全与否是体现一个养鸡场管理水平的重要标志之一。

2. 统计科目 生产指标：日龄、日增重、采食量、饮水量、死淘率。环境指标：温度、湿度、光照、风速。防疫卫生：免疫、用药、消毒。物资消耗：煤、电、五金、电料等。

3. 统计管理 养鸡场采用表格统计法进行统计。每天要在同一个时间点填写统计表格，每天统计的数据应为24h的完整数据，统计数据要求真实有效，不可用估算法、推理法。鸡舍饲养员每天填写养殖记录，统计员根据养殖记录填写生产统计表，并对养殖记录的数据进行复核，确保数据的真实性。统计结束应立即将统计表格上交场长，由场长进行统计分析，分析结果上报公司，并根据分析结果调整生产管理方案。整批鸡的生产统计表及统计分析表、生产总结、生产记录汇总形成生产档案，存档2年。

四、减少饲料浪费的方法

饲料在肉鸡养殖总成本中占70%左右，而肉鸡养殖过程中饲料浪费量一般为饲料量的2%～10%，除给肉鸡提供所需营养，还要提高饲料管理水平。减少饲料浪费是提高养鸡经济效益的重要措施，节省饲料是提高养鸡经济效益的关键环节。防止饲料浪费的方法有以下9种：

1. 加料过程中避免洒落饲料　洒落饲料情况在手工加料的鸡场较普遍，且多被养殖场、饲养员所忽视。

2. 避免因料槽不够牢固、加料过多、争抢造成饲料抛出受鸡粪污染而浪费　料槽放得过低，肉鸡进入槽内扒出饲料会被鸡粪污染而浪费，应按鸡龄大小提供结构合理的食槽。料槽边缘应高出鸡背，安放要牢固。同时，注意喂料时槽中的饲料量最好不超过其高度的1/3，减少每次上料的量，增加上料的次数。

3. 调节鸡舍环境温度　鸡的不同生长发育阶段，其要求的适宜温度不同。如果温度持续过低或过高，都会导致生产性能的降低。因此，冬季要采取有效的防寒保温措施，夏季应采取有效的防暑降温措施，保证肉鸡处于一个最适温度，减少应激从而提高饲料转化率。

4. 做好生物安全工作　免疫系统消耗、体外微生物或寄生虫的侵入会导致肉鸡免疫系统兴奋，从而消耗部分营养物质，致使生产性能降低。日常管理中应定期驱虫，增加肉鸡的抵抗力，从而减少饲料的消耗。

5. 要饲喂营养平衡的全价饲料，最大限度地提高饲料转化率　日粮营养成分不全面，加大采食量来弥补，无疑是最大而又不易察觉的浪费。应根据不同品种肉鸡的生理特点和不同的生长阶段，选择不同的全价料来饲喂。弱鸡应及早淘汰，因其无经济价值，且浪费饲料，会造成一定的损失。

6. 避免因老鼠吃掉或储存不当变质、酸败、虫蛀等而浪费

饲料 购进饲料应在1周内用完。因此，鸡场要定期灭鼠，既可节约被老鼠吃掉的饲料，又可防止老鼠传播某些疾病；对于饲料的发霉变质，要求在储放饲料时注意通风防潮，定期晾晒或加入防霉剂。

7. 避免饲料粉碎太细 肉鸡难以采食粉碎太细的饲料，喂时飞撒也会造成浪费。应检修生产设备及工艺流程，按鸡生长需要粉碎原料至适当细度。

8. 合理的光照制度 既可保证营养供应，又可提高饲料转化率，从而减少饲料浪费。

9. 定期补喂沙粒以利于饲料的消化和吸收，可节约饲料，减少浪费 试验表明，定期补喂沙粒与不补喂沙粒相比，消化率可提高3%～10%。另外，肉鸡喂粉料比喂粒料多浪费10%以上。肉鸡最好喂颗粒料。

第十节 禽病诊断及免疫接种

一、临床检查的基本方法

1. 一听 就是听主诉，兽医技术人员要认真听取养禽场饲养者或禽场技术人员对禽群发病情况的描述，并设法听清楚以下3个方面的问题：①疾病发生的时间。如换料前后、清晨或夜间、饲喂（饮水）前后等。②发病情况。如群发还是散发、邻近禽场是否有类似的疾病发生、是突然死亡还是有一定的潜伏期、目前禽群的发病程度是减轻还是加重、有无出现新的症状或原有症状的消失、是否经过治疗、治疗效果如何等。③疾病现在的临床表现。是否有咳嗽、喘息、呼吸困难、腹泻、尖叫、产蛋下降、运动障碍、饮食减少、神经症状等。

兽医技术人员此时应根据主诉人提供的家禽总头数、发病病例数、死亡病例数计算禽群的发病率、死亡率、病死率，并明确疾病的发病流程及变化情况。并结合主诉人所估计到的致病原因

（要判断是否为主诉人的人为想象和主观认定）。在诊断时，将听到的情况与其他检查结果综合分析、归类，达到去伪存真的目的。

2. 二看 就是看饲养记录（包括以往禽场的发病情况记录）、免疫记录。

（1）饲养记录。兽医技术人员要了解所养禽的品种、日龄、采食、饮水、生长速度、产蛋率、料肉比、病程、发病率、死亡率、已用药的情况及防治效果、禽舍的通风情况、舍内的有害气体（如氨气）是否刺眼（鼻）、舍内的温度是太高还是太低、舍内的垫料（网架）是否太湿、舍内的光照是太亮还是太暗、蛋鸡产蛋时的光照时间足够与否、舍内粉尘的含量是否合适、近来气候是否有骤变（如寒流、台风等）。

（2）以往禽场的发病情况。此次发病情况是否与过去曾发生过的疾病类似，如果过去该病发生过则结局如何，过去的免疫检测结果如何，邻近场（舍）的常在疫情（或是否被划定为疫区，如禽流感）及地区性的常发病，过去预防接种的内容及实施的时间、方法、效果等。

3. 三查 就是查饲料、查管理、查环境。

（1）查饲料。

查饲料配方：如是自配料，查营养元素是否平衡或缺乏；如是预混料，查推荐配方是否合理；如是全价料，查配方是否适合所养家禽的品种。此外，还应注意饲料的生产日期及保质期。

查饲料原料：是否发生霉变，蛋白质饲料是否变质，含水量是否过多，一些有害元素是否超标。

查药物和添加剂：如是自配料，查所用药物的剂量、种类及生产厂家；如是预混料，应了解其中所添加药物的种类，避免重复用药造成的药物中毒或配伍禁忌。

（2）查管理。

查禽舍：查看光照、通风、保温、垫料等情况。

查饮水情况：查是否断水、缺水、漏水、水位是否一致等。

查饲养方式：是网上平养、笼养还是地面平养等。

查后备母禽的发育情况：这是养禽场管理水平的综合体现。

此外，还要查管理制度的执行、饲养人员的责任心等。

（3）查环境。

查禽舍内外的卫生：舍内外的地面是否卫生，水、食槽是否清洁，清粪是否及时。消毒设施及运转情况。

查禽舍周围的环境：了解附近厂矿的“三废”排放、处理情况，是否对养禽场造成污染等。

4. 四问 就是问禽的来源、问日龄、问防治和问病况。

（1）问来源。品种的来源、孵化的厂家、接雏情况等。

（2）问日龄。不同的日龄对疾病的易感性也不一样，如雏鸡易发生鸡白痢；中雏易感染传染性法氏囊病；成年家禽易发生禽霍乱、马立克氏病等。

（3）问防治。免疫情况：免疫程序、免疫方法，疫苗的种类、来源，使用的剂量是否合理；免疫前后家禽的健康状况，有无免疫应激；近期是否做过紧急预防接种等。用药情况：已用过的药物是否有效，所用药物是否严格按说明书要求使用，用药的疗程是否达到等。

（4）问病况。就是要问清楚当前家禽群的发病情况。

二、病禽所在禽群的临床症状观察

在了解上述情况后，应对禽群的群体状态进行观察。兽医技术人员往往在禽舍的一角或运动场外直接观察，开始时应静静地查看全群的情况，尤其是家禽群的各种异常表现，观察时不要惊扰家禽；必要时可将其中有代表性的病禽挑出，仔细观察。

1. 一般状态的观察

（1）精神状态。健康的家禽精神活泼，听觉灵敏，白天视力敏锐，周围稍有惊扰便伸颈四顾，甚至飞翔跳跃。公禽鸣声响亮，站立有神，翅膀收缩有力，紧贴躯干，行走稳健，食欲良好。病禽的一般临床表现有：

精神沉郁：表现为食欲减少或废绝，两眼半闭，缩颈垂翅，尾羽下垂，蹲伏在舍内一角或伏卧在产蛋箱内，体温显著升高。常见于某些急性传染病、寄生虫病、营养代谢病等。如新城疫、传染性法氏囊病、急性禽霍乱、球虫病、维生素 E/硒缺乏症等。

精神极度委顿：表现为食欲废绝，缩颈闭目，蹲卧伏地、不愿站立。见于濒死期家禽。

精神尚可但蹲伏于地：见于由传染病、营养代谢病或外伤等引起的腿部疾患，如葡萄球菌性关节炎、佝偻病、骨折等。

精神尚可但少数家禽出现旁视：见于由眼型马立克氏病、禽脑脊髓炎；也可见于大肠杆菌性眼炎、葡萄球菌性眼炎等。

炸群：临床上多见于有鼠害、噪声等引起的惊扰。

病禽兴奋、不安、尖叫、两翅剧烈拍打向前奔跑：见于肉鸡猝死综合征、一氧化碳中毒、氟乙酰胺中毒等。

（2）营养程度。健康的禽群整体生长发育基本均匀一致，表现肌肉丰满、皮下脂肪充盈、被毛光泽、躯体圆满而骨骼棱角不突出。病禽则表现为营养不良。

整群家禽表现为营养不良、生长发育缓慢：见于饲料营养配合不全或因饲养管理不善引起的营养缺乏症。

整群家禽表现为大小不等，部分家禽营养不良、消瘦：表明有慢性消耗性疾病存在，如马立克氏病、淋巴白血病、结核病、慢性新城疫、慢性禽霍乱、内外寄生虫病等。

（3）运动、行为、姿势。健康家禽活动自如，姿势自然、优美。病禽则出现运动障碍，姿势异常。

“劈叉”姿势：见于马立克氏病。

“观星”姿势：见于维生素 B_1 缺乏症。

“趾蜷曲”姿势：见于维生素 B_2 缺乏症。

“企鹅式”站立或行走姿势：见于严重的肉鸡腹水综合征、蛋鸡输卵管积水（囊肿）、蛋鸡卵巢腺癌；偶见于家禽卵黄性腹膜炎。

“鸭式”步态：见于前殖吸虫病、球虫病、严重的绦虫病和蛔虫病。

两腿呈“交叉”站立或行走姿势，运动时则跗关节着地：见于维生素E缺乏症、维生素D缺乏症；也可见于禽脑脊髓炎、弯曲杆菌性肝炎等。

两腿行走无力，行走间常呈蹲伏姿势：见于佝偻病、成年家禽骨软病、笼养鸡产蛋疲劳综合征、细菌（如葡萄球菌、链球菌）性关节炎、传染性病毒性关节炎、肌营养不良、骨折、一些先天性遗传因素所致的小腿畸形等。

趾骨发生弯曲或扭曲（滑腱症）：见于锰缺乏症。

运步摇晃，呈不同程度的“O”形、“X”形外观或运动失调：见于雏禽佝偻病、维生素D缺乏症、锰缺乏症、胆碱缺乏症、叶酸缺乏症、生物素缺乏症等。

头部震颤、抽搐：见于禽传染性脑脊髓炎。

扭头曲颈或伴有站立不稳及返转滚动的姿势：见于神经型新城疫、禽流感、严重的维生素B_1缺乏症、维生素E缺乏症等。

甩头（摇头）、伸颈：见于禽的呼吸困难或饮水中有异味。

（4）呼吸动作。健康家禽的呼吸频率为20～35次/min。病禽则会出现呼吸困难。

吸气困难、张口呼吸、气喘：见于传染性喉气管炎、“白喉型”禽痘、气管比翼线虫病、火鸡波氏杆菌病、火鸡的气管交合线虫病。

咳嗽、气喘并有气管啰音：见于新城疫、传染性支气管炎、传染性喉气管炎、败血支原体病、传染性鼻炎；也可见于禽流感、慢性禽霍乱等。

气喘、咳嗽、混合性呼吸困难：见于肺炎型白痢、大肠杆菌病、败血支原体病、曲霉菌病、隐孢子虫病、禽舍内氨气过浓；也可见于衣原体病、火鸡的气管交合线虫病；偶见于“白喉型”禽痘、维生素 A 缺乏症。

（5）声音。健康家禽鸣声清脆，雄禽则鸣声响亮，进入产蛋高峰期的母鸡则发出明快的“咯咯”声。病禽则鸣声嘶哑，或间杂呼吸啰音、呼噜、怪叫声。

叫声嘶哑或间杂呼吸啰音、呼噜、怪叫声：见于白痢、副伤寒、马立克氏病、新城疫、传染性支气管炎、传染性喉气管炎、败血支原体病、传染性鼻炎、大肠杆菌病、结核病、盲肠肝炎、蛔虫病、气管比翼线虫病、火鸡波氏杆菌病、火鸡的气管交合线虫病。

叫声停止、张口无音：临床上见于濒死期家禽。

2. 饮食状态的观察　食欲和饮欲是家禽对采食饲料及饮水的需要。在观察家禽的食欲和饮欲时，主要根据其采食的数量、采食持续时间的长短、嗉囊的大小等综合判定家禽的食欲和饮欲状态。同时，应注意饲料的种类及质量、饲养制度、饲喂方式以及环境条件等因素的影响。在病理状态下，食欲和饮欲可能发生减少、废绝、异嗜。

食欲减少甚至废绝：许多疾病的共同表现，在排除由于饲料品质不良（如发霉、腐败）、饲料或饲喂制度的突然改变、饲养环境的突然变换等条件而引起者外，一般即为病态。食欲减少或废绝，首先应考虑因消化器官本身的疾病而引起，如口腔、咽、食管的疾病，特别是胃肠的疾病。其次，食欲减退还见于热性疾病，尤其是伴有高热的疾病。此外，矿物质和维生素缺乏、营养衰竭、代谢紊乱以及肝脏疾病时，也会引起家禽食欲减少或完全废绝。

饮欲的改变：在排除由于气温和季节变化、饲料水分含量等环境条件所引起者外，饮欲增强，可见于一切发热性疾病、热应激、球虫病的早期、腹泻、渗出性病理过程及家禽的食盐中毒等。饮水明显减少则预示水温度太低、药物有异味等。

异嗜：其特征是病禽喜食正常饲料成分以外的物质（如羽毛）。家禽的啄羽、啄肛、啄趾、啄蛋癖可视为一种特殊的异嗜或恶癖。其发生往往与饲料中某些营养物质（尤其是蛋白质及矿物质）缺乏、光照度等有关。

3. 粪便的观察 在正常家禽的粪便中混有尿的成分，刚出壳尚未采食的雏鸡，排出的胎粪为白色或深绿色稀薄液体。成年鸡正常的粪便呈圆柱状、条状，多为棕绿色，粪便表面附有少量的白色尿酸盐。一般在早晨单独排出来自盲肠的黄棕色糊状粪便，有时也混有少量的尿酸盐。粪便出现异常往往是疾病的征兆。

白色粪便：见于白痢、肾型传染性支气管炎、传染性法氏囊病、内脏型痛风、磺胺药物中毒、铅中毒等。

红色粪便：见于球虫病。

黄色粪便：往往出现在球虫病之后，由肠道壁发生炎症、吸收功能下降而引起，也可见于堆型艾美球虫或巨型艾美球虫病同时激发厌氧菌或大肠杆菌感染而引起肠炎所致。

肉红色粪便：粪便呈肉红色见于绦虫病、蛔虫病、球虫病和出血性肠炎的恢复期。

绿色粪便：主要见于新城疫、禽流感。典型新城疫或急性禽流感出现明显的绿色稀粪；非典型新城疫或温和型禽流感，则零星出现绿色粪便。

黄绿色粪便，并有绿色干粪：见于败血型大肠杆菌病。

黑色粪便：见于小肠球虫病、鸡肌胃糜烂症、上消化道的出血性肠炎。

水样粪便：见于食盐中毒或肾型传染性支气管炎。也可见于由温度过高而引起家禽大量饮水后造成的水样粪便；蛋鸡进入产蛋高峰期时水样腹泻，可能是由于肠道对产蛋期饲料不适应（尤其是钙）或由于进入产蛋期机体内血流分布相对改变等因素所致。

硫黄样粪便：见于组织滴虫病。

饲料便：即鸡排出的粪便和饲喂的饲料没有什么区别，见于肠毒症，也见于饲料中小麦的含量过高或饲料中的酶制剂部分或全部失效，偶见于鸡消化不良。

三、肉鸡常用的接种方式及注意事项

在需要免疫前后应加强营养的供给，减少免疫给肉鸡带来的应激，从而减少能量的消耗，减少对肉鸡本身生长的影响。在疫苗的选择上，应选择正规厂家生产的疫苗，并且选择正确的接种方式。现有疫苗接种的方式有：

1. 饮水法　对于大群鸡逐只进行免疫接种，费时费力，且不能于短时间内完成全群免疫。为避免骚扰鸡群，常采用群体免疫法。群体免疫法中最常用、最简便的就是饮水法。饮水法避免了对鸡逐只抓捉，减少应激。

如鸡新城疫Ⅱ、Ⅳ系疫苗接种均可采用此法。但这种免疫接种受到的影响因素较多，必须使用高效的活毒疫苗。饮水应清洁，不应含有任何灭活苗病毒或细菌的物质。饲料中也不应含有与疫苗效果产生冲突的物质，可以加入0.1%～0.3%的脱脂乳和山梨糖醇，以保护疫苗的效价，应在2～4h饮用完毕。

2. 滴眼、滴鼻法　对于一些预防呼吸道疾病的疫苗通过此法效果最好。通过滴鼻使疫苗从呼吸道进入体内的接种方法，适用于鸡新城疫Ⅱ、Ⅲ、Ⅳ系疫苗和传染性支气管炎疫苗及传染性喉气管炎弱毒型疫苗的接种。滴鼻法是逐只进行的，能保证每只鸡都能得到免疫，并且剂量均匀。使用此法应最低限度地使用冷开水，不要随便添加抗生素。为避免应激，应在晚上弱光环境下接种。

3. 皮下注射法　此法多用于马立克氏病疫苗的接种。操作方法：把1 000只的剂量疫苗稀释于200mL的专用稀释液中，皮下注射一般选在颈部背侧。

4. 肌肉注射法 肌肉注射法作用迅速、剂量准确、效果明显。对于小群而又需要加强免疫的鸡群，肌肉注射以胸部肌肉为好，应斜向前入针，以防刺入肝脏、心脏或胸腔，造成死亡，对体格较小的鸡尤其要注意。此法适于新城疫Ⅰ系疫苗的接种方法。禽霍乱弱毒菌苗或灭活菌苗肌肉注射，比皮下注射效果更确切，产生作用更准确。肌肉注射部位一般选在胸肌或肩关节附近的肌肉丰满处。

5. 气雾法 此法是用压缩空气通过气雾发生器，使疫苗形成直径 1～10μm 的雾化粒子，均匀地悬浮于空气之中，随呼吸而进入鸡体内。气雾免疫不但省时、省力，而且对某些与呼吸道有亲嗜性的疫苗效果最好，如鸡新城疫各系疫苗、传染性支气管炎弱毒疫苗等。但是，气雾免疫只能用于 60 日龄以上的鸡，60 日龄以内的鸡使用此法，容易引起鸡群的应激，尤其是慢性呼吸道疾病。疫苗稀释用水应用去离子水或蒸馏水，不得用自来水、开水或井水。

6. 羽毛囊涂擦法 此法多用于鸡瘟疫苗的接种。操作方法：先把腿部的羽毛拔去 3 根，然后用棉球蘸取已稀释好的疫苗，逆羽毛生长的方向涂擦即可。

7. 翼膜刺种法 此法适用于鸡瘟疫苗及新城疫（弱毒型）疫苗的接种。操作方法：将疫苗用冷开水、蒸馏水或生理盐水稀释 50 倍，用接种针或干净的钢笔尖蘸取疫苗，刺种于鸡翅膀内侧无血管处的翼膜内。1～2 周龄的雏鸡刺种一针即可，较大的鸡可刺种 2 针。

四、肉鸡免疫失败的原因

免疫是确保肉鸡健康最有效、最实惠的方案，但经常会遇到免疫后发病的情况或者在疫苗的保护期内就发病。所以，这里总结一下肉鸡群免疫失败的原因：

（一）饲养管理

随着肉鸡养殖规模的不断扩大，环境污染越来越严重，肉鸡群会受到更多病毒和细菌的侵害，加快了抗体的衰减速度。另外，肉鸡有个体差异，对于同样的免疫会呈现不同的免疫应答，首次感染发病，在肉鸡群就会出现疫病的散发性流行性。免疫所产生的抗体和细胞因子都是蛋白质，饲料中氨基酸、维生素、微量元素缺乏都会使机体免疫功能下降。某些混合料或添加剂厂家为了追求利润，不按质量标准配制，不是营养不全，就是变质发霉、盐分过量。研究证明，机体维生素缺乏，蛋白质、微量元素缺乏等都会影响免疫效果。

（二）选择和使用不当

1. 疫苗稀释不当 各种疫苗所用的稀释剂、稀释倍数及稀释方法都有规定，必须严格地按照使用说明书进行操作。疫苗稀释用水，从严格上讲应用灭菌生理盐水，否则会降低免疫效果。疫苗要现用现稀释，不可使用稀释后放置时间过长的疫苗。如果饮水免疫的疫苗稀释不均，部分鸡饮量不足等也会影响免疫效果。

2. 接种时间不当 雏鸡身上有母源抗体，一般在1～2周内不易感染鸡新城疫。如接种过早，反而与母源抗体中和；接种过迟，因体内抗体消失，易被毒力强的野毒侵染发病。所以，一般接种时间应在孵出后7～10d。

3. 免疫剂量不准 目前疫苗免疫剂量存在两种误区：一是免疫剂量不足，二是使用大剂量疫苗免疫，二者都不科学。因此，在购买疫苗时，在考虑到免疫接种过程中的损失和浪费外（损失量一般按15％～20％计算），不要随意加大免疫用量。

（三）免疫程序不合理

疫苗用量过大，抗体形成受到抑制，出现免疫耐受或毒性反应。用量少则仅生成IgM，而不生成IgG，同时也产生耐受。因此，不宜随意增加或减少。注射部位不当也会导致失败。如果不了解动物而使用抗生素，对疫苗的免疫效果有较大的影响。

（四）免疫抑制病

免疫抑制病是影响机体免疫应答的一类疾病，发生免疫抑制病的肉鸡群对疫苗的免疫不产生应答或应答下降，造成免疫失败。目前造成肉鸡免疫抑制的疾病主要有网状内皮增生症、霉菌毒素等。

（五）病毒毒力增强

从病原上看：抗原变异使致病微生物在增殖过程中发生变异，在生长过程中有时使针对此病原的疫苗所产生的抗体不能有效杀死抗原，从而造成免疫失败。

（六）应激多

各种应激反应都会干扰免疫应答，如惊吓、注射、保定、光线过强、舍温过高、湿度过大、过敏反应等应激，都会影响免疫的效果。动物机体的免疫功能在一定程度上受到神经、体液和内分泌的调节，在环境过冷过热、湿度过大、通风不良、拥挤、饲料突然改变、运输、转群、注射、保定等刺激性应激因素的影响下，机体肾上腺皮质激素分泌增加。肾上腺皮质激素能显著损伤淋巴细胞，对巨噬细胞也有抑制作用，增加免疫球蛋白的分解代谢。所以，当动物处于应激反应敏感期时接种疫苗，就会减弱其免疫能力。

第十一节　中西药联用

一、中西药联用优势

各有特点、各有优势，联用可以充分发挥各自的优势，优势互补，兼顾全面，增强疗效，减轻或消除毒副作用及不良反应，缩短疗程，减少药物的用量，提高药物敏感性，减少和消除病原微生物的耐药性，达到西药治标、中药治本，即标本兼治、多方位调理、修复机体的目的，真正实现绿色养殖。

1. 协同作用，增加疗效

（1）中西药协同作用控制细菌感染。黄连解毒散或加味荆防败毒散加入雏鸡Ⅰ或Ⅱ号料中，口服复方阿莫西林、头孢噻肟钠、头孢曲松钠、左氧氟沙星、恩诺沙星、庆大霉素、新霉素、卡那霉素、磺胺二甲嘧啶钠、磺胺间甲氧嘧啶、强力霉素、泰乐菌素等，中药除了可以清除病原微生物外，还能增强机体免疫功能，从根本上清除病原微生物，可谓治本；抗菌药清除病原菌本身，可谓治标，二者协同作用，疗效成倍提高。

（2）中西药协同作用控制病毒感染。黄连解毒散或加味荆防败毒散加入雏鸡Ⅰ或Ⅱ号料中，口服复方干扰素、干扰素、聚肌胞等，治疗病毒性疾病有协同作用，抗病毒效果显著增强。

2. 降低抗菌药的毒副作用　抗菌药毒副作用很大，如肝、肾损伤；胃肠溃疡、降低肠蠕动等毒副作用。黄连解毒散或加味荆防败毒散与链霉素联用，均可降低链霉素的毒副作用；黄连解毒散与阿司匹林联用，可抑制阿司匹林的致胃溃疡作用，与水杨酸钠联用，可增强抗炎疗效，减弱毒副作用；加味荆防败毒散与磺胺嘧啶联用，可降低血脑损伤。以上均可既提高疗效，又减轻毒副作用。

二、常见病中药防治验方

1. 雏鸡脐炎和卵黄囊炎　生姜125g，50度白酒120mL，一起混合拌料，可供600～700只鸡1次用，连用3次。

2. 雏鸡白痢　鱼腥草400g，绵茵陈、桔梗各150g，地绵草、马齿苋各200g，蒲公英250g，车前草100g，煎汁拌料喂服，供600只病鸡1次用，连用3d。

3. 鸡曲霉菌病　金银花、蒲公英、炒莱菔子各30g，丹皮、黄芩各15g，柴胡、知母各18g，生甘草、桑白皮、枇杷叶各12g，鱼胆草50g，将药煎汤取汁1 000mL，拌料供100只鸡1次喂服，每天2次。

4. 禽副伤寒 马齿苋、地绵草各160g，车前草80g，加水3kg煎汁，可供600只鸡1d用，连用3～5d。

5. 球虫病 柴胡15g，血见愁10g，马齿苋、地绵草、常山、凤尾草各50g，车前草25g，共煎汁拌料，可供100只鸡1次用，连用5～7d。

6. 雏禽感冒 柴胡、知母、金银花、枇杷叶、莱菔子各50g，菊花20g，煎汁1 000mL，拌料分早晚2次喂服，每天1剂。

7. 肠炎 党参、白术、陈皮、麦芽、山楂、枳实各等分，将上述药研末，成年鸡每天3g，雏鸡减半，每天2次，连用3d。

8. 嗉囊阻塞 巴豆霜、郁金、使君子、苦杏仁、黄蜡、明雄、苏雄、甘草按一定比例制成药丸，给鸡喂服；或用保和丸(市售)，成年鸡8～10粒，雏鸡减半。

9. 嗉囊积食 用食醋6～10滴，一次口服，同时用莱菔子研末，拌料喂服。

10. 嗉囊下垂 用仁丹1～2粒，大蒜1小块分别填服，每天3次，连用2～3d。

11. 鸡传染性气管炎 麻黄、大青叶各30g，石膏25g，制半夏、黄连、银花各20g，蒲公英、黄芩、杏仁、麦冬、桑白皮各15g，菊花、桔梗各10g，甘草50g，加水煎汁，可供500只鸡1次拌饲，连用5～7次。

主要参考文献

艾地云，姚继承，1995. 高温季节生长育肥猪主要营养素采食量的研究［J］. 中国饲料（20）.

蔡景义，2015. 封闭型牛舍风机喷淋降温和饲粮添加铬改善肉牛生长性能［J］. 农业工程学报（19）.

程龙梅，吴银宝，王燕，等，2015. 清粪方式对蛋鸡舍内空气环境质量及粪便理化性质的影响［J］. 中国家禽（18）：22-27.

王阳，郑炜超，李绚阳，等，2018. 西北地区纵墙湿帘山墙排风系统改善夏季蛋鸡舍内热环境［J］. 农业工程学报，34（21）：202-207.

Lim T，Jin Y，Ni J，et al，2012. Field evaluation of biofilters in reducing aerial pollutant emissions from a commercial pig finishing building［J］. Biosystems Engineering.

Liu S，Ni J，Radcliffe J S，et al，2017. Mitigation of ammonia emissions from pig production using reduced dietary crude protein with amino acid supplementation［J］. Bioresource Technology（233）：200-208.

Shi Z，Li B，Zhang X，et al，2006. Using floor cooling as an approach to improve the thermal environment in the sleeping area in an open pig house［J］. Biosystems Engineering，93（3）：359-364.

Wang Y，Zheng W，Shi H，et al，2018. Optimising the design of confined laying hen house insulation requirements in cold climates without using supplementary heat［J］. Biosystems Engineering（174）：282-294.

图书在版编目（CIP）数据

畜禽精准饲喂技术与装备/蒋林树，陈俊杰，熊本海主编．—北京：中国农业出版社，2020.5
ISBN 978-7-109-26660-5

Ⅰ．①畜…　Ⅱ．①蒋…　②陈…　③熊…　Ⅲ．①畜禽—饲养管理　Ⅳ．①S815

中国版本图书馆 CIP 数据核字（2020）第 039978 号

中国农业出版社出版
地址：北京市朝阳区麦子店街 18 号楼
邮编：100125
责任编辑：冀　刚
版式设计：韩小丽　　责任校对：刘飏雨
印刷：中农印务有限公司
版次：2020 年 5 月第 1 版
印次：2020 年 5 月北京第 1 次印刷
发行：新华书店北京发行所
开本：850mm×1168mm　1/32
印张：7.25
字数：200 千字
定价：40.00 元